应用信息安全数学基础
(python 3 版)

李西明　温嘉勇　主　编
吴少乾　李双娟　副主编

哈爾濱工程大學出版社
Harbin Engineering University Press

内容简介

本书从信息安全的数学理论和编程应用两个角度出发，以通俗易懂的语言、图例详细介绍了信息安全的基础数学理论知识，并辅之以课后习题强化训练；同时，为了方便读者进一步理解其中的数学原理，每个章节的内容都配套了基于 python 数学函数实现的编程应用，相关代码读者可在 gitee 上下载。

本书面向高年级本科生或者一年级硕士生，可以作为“现代密码学”课程的前导课程，也可以单独开课，为相关信息技术专业的本科生提供信息安全数学基础知识。

图书在版编目(CIP)数据

应用信息安全数学基础:python 3 版/李西明，温嘉勇主编. --
哈尔滨：哈尔滨工程大学出版社，2021.8
ISBN 978-7-5661-3151-5

Ⅰ.①应… Ⅱ.①李… ②温… Ⅲ.①信息安全-应用数学-高等学校-教材 Ⅳ.①TP309②O29

中国版本图书馆 CIP 数据核字(2021)第 131852 号

应用信息安全数学基础(python 3 版)
YINGYONG XINXI ANQUAN SHUXUE JICHU (PYTHON 3 BAN)

选题策划 马佳佳
责任编辑 薛　力
封面设计 李海波

出版发行 哈尔滨工程大学出版社
社　　址 哈尔滨市南岗区南通大街 145 号
邮政编码 150001
发行电话 0451-82519328
传　　真 0451-82519699
经　　销 新华书店
印　　刷 北京中石油彩色印刷有限责任公司
开　　本 787 mm×1 092 mm　1/16
印　　张 11
字　　数 278 千字
版　　次 2021 年 8 月第 1 版
印　　次 2021 年 8 月第 1 次印刷
定　　价 39.80 元
http://www.hrbeupress.com
E-mail:heupress@hrbeu.edu.cn

前　言

信息安全主要包括五个方面的内容，即保证信息的保密性、真实性、完整性、未授权拷贝和所寄生系统的安全性。保护信息安全是一个以现代密码学为基础的计算机安全领域，通常涵盖计算机技术和通信网络技术等方面的内容。

网络空间安全日益受到大家的重视，已成为国家一级学科，国内超过200所高校开设了网络空间安全或者信息安全本科专业。这门学科的基础是信息安全数学，深入学习这门课程才能真正迈入网络空间安全工作及研究的大门。数学是枯燥的，非常难懂，学习这门课程时的“痛苦”经历促使编者编写本书，帮助新入门的学生可以从实践的角度切入到抽象理论学习中，去除畏难情绪，提高学习热情，打牢专业基础。

数学是一门抽象的课程，本书的特色是通过大量的代码例子，把数学概念用程序员可以看懂的方式描述出来。

本书部分代码参考了 gitee、CSDN 等网站的相关文献，为适应本书的内容，大都进行了一定程度的修改，在此感谢有关源代码的作者。遵循开源共享原则，本书代码也都上传到了 gitee 网站，方便各位读者使用。全部代码均在 python 3.8 编程环境下调试通过，相关代码可以在 gitee 上下载（https://gitee.com/li-ximing/mathInformationSecurity）。本书所提供源代码的一个特色就是所有源代码都不需要借助特别的外挂包来实现，最基本的功能也都由原始 python 数学函数来实现，更方便读者理解信息安全数学的真正数学原理，而不必去熟悉各类的数学包。

本书面向高年级本科生或者一年级硕士生，可以作为“现代密码学”课程的前导课程，也可以单独开课，为相关信息技术专业的本科生提供信息安全数学基础知识。从事相关信息技术工作的社会人士也可以通过本书了解信息安全基础数学原理。

在本书的编写过程中，得到了华南农业大学数学与信息学院各位同事的支持和帮助，在此向他们表示由衷的感谢。此外，本书的核心部分曾作为“信息安全数学基础”课程的讲义使用，该课程曾面向华南农业大学2014级至2017级本科生和2017级至2020级研究生开设，感谢各位同学在使用该讲义时提出的宝贵意见。

编　者

2021年8月

目　录

第1章 绪 论

1.1 保护信息安全

信息安全,意为保护信息及信息系统免受未经授权的进入、使用、披露、破坏、修改、检视、记录及销毁。其中,政府、军队、金融机构、医院和私人企业等积累了大量的有关他们的雇员、顾客、产品和研究的机密信息。绝大多数此类的信息现在被收集、产生和存储在电子计算机内,并通过网络传送到其他的电子设备。如果一家企业的用户信息、财政状况、新产品线等机密信息被其他人非法获得,甚至落入了其竞争对手的手中,那么这种安全性的丧失可能会导致经济上的损失、法律诉讼甚至该企业的破产。

加密技术是信息安全的技术基础。数据加密是一门历史悠久的技术,指通过加密算法和加密密钥将明文转变为密文,而解密则是通过解密算法和解密密钥将密文恢复为明文。身份认证是用来判断某个身份的真实性,确认身份后,系统才可以依据不同的身份给予不同的权限,其重点在于用户的真实性。密钥的安全保密是密码系统安全的重要保证,保证密钥安全的基本原则是除了在有安全保证环境下进行密钥的产生、分配、装入以及存储于保密柜内备用外,密钥绝不能以明文形式出现。

事物发展是渐进的,加密方法也是。密码学作为一门古老的学科,从古至今,不断地发展。密码学的发展大致可以分为三个阶段:1949 年之前的古典密码学阶段;1949—1975 年密码学成为科学的分支,成为现代密码学;1976 年以后非对称密钥密码算法得到进一步发展,产生了密码学的新方向——公钥密码学。

古典密码学阶段的核心主要分为替换和置换。替换就是根据密码表将明文中的字符替换成另一种字符,以此产生密文,然后接收者再根据密码表,将对应的字符替换密文得到明文。置换则是根据一定的规则重新排列明文,以便打破明文的结构特性。恺撒密码是古典密码学中的一种经典加密方法。相传,恺撒密码是一种首先由尤里乌斯 - 恺撒使用的密码。它通过将明文中所使用的字母表按照一定的字数“平移”来进行加密。如 $a \to D$, $b \to E$, $c \to F$, ⋯。简单替换密码是将 26 个字母本身建立一一对应的关系,可以用频率分析来破译密码。二战期间德国使用的密码机 Enigma 是一种由齿轮、键盘、电池、灯泡所组成的机器,可以说是一种复杂一点的机电替换密码机,通过这台机器就可以快速地完成加密和解密。

密码学发展到现代,形成了现代密码学,包括对称加密技术和非对称加密技术两部分。对称加密算法利用密钥和某种加密算法对明文进行加密,然后接收方利用相同的密钥进行解密得到明文。对称密码算法的典型代表主要有 DES,AES,SHA - 1,SHA - 2 算法等。

1976 年,W. Diffie 和 M. Hellman 在其发表的文章《密码学的新方向》中首次公开提出了公钥密码的概念，公钥密码的提出实现了加密密钥和解密密钥之间的独立，解决了对称密码体制中通信双方必须共享密钥的问题，在密码学界具有划时代的意义。公开密钥加密，也称为非对称加密，即利用公钥进行加密，私钥进行解密。利用算法生成一对密钥对，即公开密钥（用于加密）和私有密钥（用于解密）。使用其中一个密钥把明文加密后所得的密文，只能用相对应的另一个密钥才能解密得到原本的明文。虽然两个密钥在数学上相关，但如果知道了其中一个，并不能凭此计算出另外一个。因此其中一个可以公开，称为公钥，任意向外发布，不公开的密钥称为私钥，必须由用户自行严格秘密保管，绝不能通过任何途径向任何人提供，也不能透露给要通信的另一方。

古典密码学与现代密码学的重要区别在于，古典密码学的编码和破译通常依赖于设计者和敌手的创造力与技巧，由于其没有对密码学原理的清晰定义，更多是作为一种实用性艺术存在。而现代密码学则起源于20 世纪末出现的大量数学理论，这些理论使得现代密码学成了一种可以系统而严格地学习的科学。

1.2 加密系统模型

1949 年，Claude Shannon 在 *Bell System Technical Journal* 上发表了题为“Communication Theory of Security System”的论文。这篇论文对密码学的研究产生了巨大的影响。在这篇论文中对保密系统的运行做了如下的描述，如图 1.1 所示。

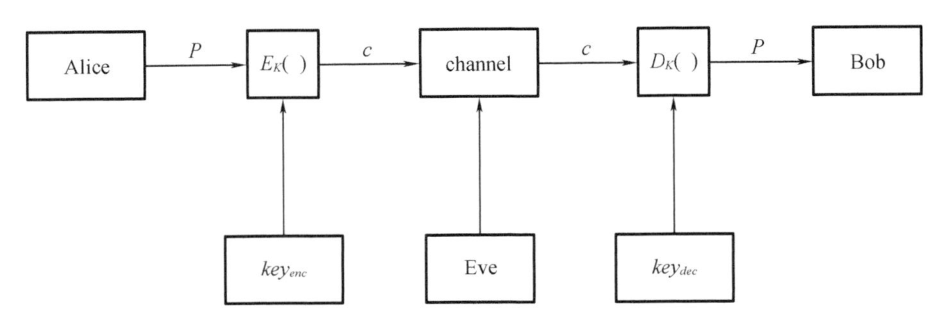

图 1.1 加密解密通信模型

（1）通信双方 Alice 和 Bob 通过一个安全信道进行相互协商，确定了一个共享的密钥 K。

（2）Alice 欲通过一个不安全的信道向 Bob 发送明文信息 P；Alice 使用钥控加密算法 $E(\cdot)$将明文 P 变换为密文 c，$c=E_K(P)$。

（3）Alice 通过不安全的信道将密文 c 发送给 Bob。

（4）Bob 使用钥控解密算法 $D(\cdot)$将密文 c 变换成明文 P，$P=D_K(C)$。

（5）截听者 Eve 在不安全的信道上截获了密文 c，试图进行攻击（攻击的方式有：被动攻击，破解密文 c，从而得到明文 P 或密钥 K；主动攻击，即毁坏或窜改密文以达到破坏明文的目的）。

可以把加密算法和解密算法理解为一种数学变换，这种变换使得敌手不能够从密文获

得需要的信息。简单地说,一个密码体制如果其生成的密文符合以下两个条件之一,则认为这种加密方案是安全的:

①破解密文所用的成本超过了被加密信息本身的价值;

②破解密文所需的时间超过了信息的有效期。

一般认为评价一个密码体制的安全性有以下三个准则:

①计算安全性。这种度量涉及攻破密码体制所需的计算上的努力。如果使用最好的算法攻破一个密码体制需要至少 N 次操作,这里的 N 是一个特定的非常大的数字,则可以定义这个密码体制是计算安全的。实际中,人们经常通过几种特定的攻击类型来研究计算上的安全性,例如穷尽密钥搜索攻击。当然对一种类型的攻击是安全的,并不代表对其他类型的攻击也是安全的。

②可证明安全性。另外一种途径是将密码体制的安全性归结为某个已经过深入研究的数学难题。例如可以证明这样一类命题:如果给定的整数是不可分解的,那么给定的密码体制则是不可破解的,称这种类型密码体制是可证明安全性的。估算一个算法究竟有多困难,需要结合数学和计算复杂度的知识,这一部分将在本书最后两个章节进行介绍。但应该注意的是,这种途径只是说明了密码体制的安全与另一个问题相关,而并未真正地证明这种密码体制是安全的。这和证明一个问题是 NP 完全的(NP Complete)类似:证明给定的问题和其他的 NP 完全问题的难度是一样的,但并未完全证明这个问题的计算难度。合适的 NP 问题是构造好的密码体制的基础,而数论提供了大量的这一类问题。因此本书的主要篇幅用来介绍数论。

③无条件安全性。这种度量考虑的是对攻击者 Eve 的计算量没有限制的时候的安全性。即使提供了无穷的计算资源,也是无法破解的,这种密码体制被定义为是无条件安全的。

密码学上的柯克霍夫原则系由奥古斯特·柯克霍夫在19世纪提出的:即使密码系统的任何细节已为人悉知,只要密匙未泄露,它也应是安全的。这一种安全性只在特定意义上才有意义,通常情况下,构造这样的密码算法是不可能的,也没有必要。信息论的发明者克劳德·香农则改成了“敌人了解系统”,这样的说法则称为香农箴言。它和传统上使用隐密的设计、实现等来提供加密的隐晦式安全想法相对。依据柯克霍夫原则,大多数民用保密都使用公开的算法。但相对地,用于政府或军事机密的保密器通常也是保密的。

非对称加密是密码学中的一种加密法,是指一对加密密钥与解密密钥,某用户使用加密密钥加密后所获得的数据只能用该用户的解密密钥才能够解密。知道了其中一个,并不能计算出另外一个,因此如果公开了其中一个密钥,并不会危害到另外一个。

1.3　百万富翁问题及模拟实现

第一批中科院外籍院士姚期智在1982年提出百万富翁问题,并给出了示范解答。简单来说就是:两个百万富翁(货币膨胀百倍以后,现在谈亿百富翁才应景)想比较彼此谁更富裕,但是谁也不愿透露自己具体的财富数目。求解百万富翁问题就是要设计一组协议,使得参加协议的两方可以在没有第三方协助的情况下比较两人的财务数额大小,而不需要公布其具体数值。

本节通过百万富翁问题来说明信息安全和数学的紧密关系，并通过实际的代码来看一下这个问题是如何来实际解答的。

假设两人的财富以百万计，取 1 到 10 之间的整数来代表两人分别拥有的财富数额。假设富翁张三有 i 亿资产，李四有 j 亿资产。张三取一个公钥，使得李四可以传递加密的信息。首先，李四选取一个随机的大整数 x，把 x 用张三的公钥加密，得到密文 K。李四发送 $c=K-j$ 给张三。张三收到密文 c 之后，对 $c+1,c+2,\cdots,c+10$ 进行解密，得到 10 个数字。再选取一个适当大小的素数 p，把这 10 个数字除以 p 的余数记作 $d_1,\cdots,d_{10}$。（注意：这 10 个数字应该是完全随机的，关键是等式 $d_j=x \bmod p$ 成立。）

最后，张三对这一串数字做如下操作：前面 i 个数不动，后面的数字每个加 1，然后发回给李四。这样一通复杂的操作之后，李四检查第 j 个数字。如果等于 x 的话，说明这个数字没有被加 1，所以 $i \geqslant j$；反之，则 $i<j$。

这个过程的绝妙之处在于：在协议完成之后，张三不知道 j 的值，而李四也不知道 i 的值，但是双方都知道谁的财富更多，这就是安全多方计算。一般来说，在甲只知道 x，乙只知道 y 的情况下，双方可以合作计算一个函数 $f(x,y)$。协议完成时，只有函数值是公开的，而彼此都不知道对方的输入值。

本节通过 python 来简单地实现百万富翁问题，其中具体的 python 代码如下所示。这个代码具体展示了简单的 RSA 生成公私钥的源代码和实现百万富翁问题的源代码。

```
1.# Billion.py
2.from SimpleRSA import *
3.import random
4.public_key, private_key = make_key_pair(12)  # safe for n <100
5.A =random.randint(1, 9)
6.B =random.randint(1, 9)
7.def safeCmpAleB(a, b):
8.    print("\n 假设张三有 i ={} 亿,李四有 j ={} 亿".format(a, b))
9.    print("\n 张三生成一对 RSA 公私钥:")
10.    print("公钥(n,e):{}".format(public_key))
11.    print("私钥(n,d):{} \n".format(private_key))
12.    x =random.randint(1000, 2000)
13.    print("Step 1:李四随机选取一个大整数:{} ".format(x))
14.    K =public_key.encrypt(x)
15.    print("\t \t 李四利用张三公开的公钥对大整数进行加密得到密文 K:".format(K))
16.    print("\t \t 然后李四将 c =K - j({} - {} ={})发送给张三 \n".format(K, b, K -
b))
17.    c = K - b
18.    p = 29
19.    d = []
20.    for i in range(c + 1, c + 11):
21.        d.append((private_key.decrypt(i)% p))
```

```
22.    print("Step 2:张三用自己的私钥对 c+1 至 c+10 进行加密:")
23.    print("\t\t{}".format(d))
24.    for i in range(a, 10):
25.        d[i] = d[i] + 1
26.    print("\t\t对 c+i+1 至 c+10 执行 +1 操作,得到:")
27.    print("\t\t{}".format(d))
28.    print("Step 3:计算 x mod p 是否等于 d[j]. \n\t\t 如果是, i>=j,即张三比李四
富裕 \n\t\t 否则,i<j,即李四比张三富裕 \n")
29.    print("\t\t计算:d[j] = {}, x mod p = {}".format(d[b - 1], x % p))
30.    if (x % p == d[b - 1]):
31.        return print("\t\t此次结果:i>=j,张三比李四富裕")
32.    else:
33.        return print("\t\t此次结果:i<j,李四比张三富裕")
34.
35.if __name__ == '__main__':
36.    safeCmpAleB(A, B)
```

下面是生成公钥和私钥的源代码,全部代码加起来不超过80行。函数 get_primes( )返回范围内的一个素数列表;函数 are_relatively_prime( )判断输入的两个数是否互素;函数 make_key_pair( )获取私钥和公钥。类 PublicKey 的 encrypt( )方法进行加密,类 PrivateKey 的 decrypt( )方法进行解密。

```
1.#SimpleRSA.py
2.import random
3.from collections import namedtuple
4.
5.#返回范围内的一个素数列表(start, stop)
6.def get_primes(start, stop):
7.    if start >= stop:
8.        return []
9.    primes = [2]
10.    for n in range(3, stop + 1, 2):
11.        for p in primes:
12.            if n % p == 0:
13.                break
14.        else:
15.            primes.append(n)
16.    while primes and primes[0] < start:
17.        del primes[0]
18.    return primes
19.
```

```
20.#判断是否为相对质数
21.def are_relatively_prime(a, b):
22.    """ 如果“a”和“b”是两个相对质数,则返回“True”。
23.        如果两个数没有公因数,它们就是质数。
24.    """
25.    for n in range(2, min(a, b) + 1):
26.        if a % n = = b % n = = 0:
27.            return False
28.        return True
29.
30.#获取私钥和公钥
31.def make_key_pair(length):
32.    if length < 4:
33.        raise ValueError('cannot generate a key of length less than 4 (got
{! r})'.format(length))
34.    n_min = 1 < < (length - 1)
35.    n_max = (1 < < length) - 1
36.    start = 1 < < (length //2 - 1)
37.    stop = 1 < < (length //2 + 1)
38.    primes =get_primes(start, stop)
39.    while primes:
40.        p =random.choice(primes)
41.        primes.remove(p)
42.        q_candidates = [q for q in primes
43.                        if n_min < = p * q < = n_max]
44.        if q_candidates:
45.            q =random.choice(q_candidates)
46.            break
47.    else:
48.        raise AssertionError("cannot find 'p' and 'q' for a key of length ={!
r}".format(length))
       stop =(p -1) *(q -1)
49.    for e in range(3, stop, 2):
50.        if are_relatively_prime(e, stop):
51.            break
52.    else:
53.        raise AssertionError( "cannot find 'e' with p ={! r} and q ={! r}".
format(p, q))
54.    for d in range(3, stop, 2):
55.        if d * e % stop = = 1:
56.            break
57.    else:
```

```
58.         raise AssertionError("cannot find 'd' with p={! r}, q={! r} and e=
{! r}".format(p, q, e))
59.     pkey = PublicKey(p * q, e)
60.     skey =PrivateKey(p * q, d)
61.     return pkey,skey
62.#加密
63.class PublicKey(namedtuple('PublicKey', 'n e')):
64.     __slots__ = ()
65.     def encrypt(self, x):
66.         return pow(x, self.e, self.n)
67.
68.#解密
69.class PrivateKey(namedtuple('PrivateKey', 'n d')):
70.     __slots__ = ()
71.     def decrypt(self, x):
72.         return pow(x, self.d, self.n)
73.\end{minted}
```

图1.2是第一次实验的测试结果。首先假设张三有 $i=6$ 亿元，李四有 $j=9$ 亿元；然后张三生成一对RSA公私钥：PublicKey（n =2 701，e =3），PrivateKey（n =2 701，d =43），李四随机选取一个大整数1 758，并利用张三公开的公钥对大整数加密得密文 K，然后李四将 $c=K-j(1\ 457-9=1\ 448)$ 发送给张三。张三用私钥对 $c+1$ 至 $c+10$ 进行加密，然后对 $c+i+1$ 至 $c+10$ 进行加1操作，最后计算 $x \bmod p$，比较得出的结果为李四比张三富裕。

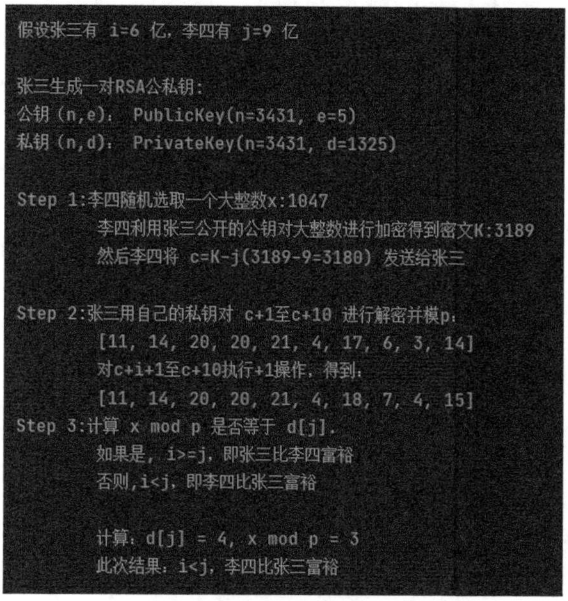

```
假设张三有 i=6 亿，李四有 j=9 亿

张三生成一对RSA公私钥：
公钥（n,e）： PublicKey(n=3431, e=5)
私钥（n,d）： PrivateKey(n=3431, d=1325)

Step 1:李四随机选取一个大整数x:1047
        李四利用张三公开的公钥对大整数进行加密得到密文K:3189
        然后李四将 c=K-j(3189-9=3180) 发送给张三

Step 2:张三用自己的私钥对 c+1至c+10 进行解密并模p：
        [11, 14, 20, 20, 21, 4, 17, 6, 3, 14]
        对c+i+1至c+10执行+1操作，得到：
        [11, 14, 20, 20, 21, 4, 18, 7, 4, 15]
Step 3:计算 x mod p 是否等于 d[j].
        如果是，i>=j，即张三比李四富裕
        否则,i<j，即李四比张三富裕

        计算：d[j] = 4, x mod p = 3
        此次结果：i<j，李四比张三富裕
```

图1.2 RSA实现百万富翁问题第一次运行结果

图 1.3 是第二次实验的测试结果。首先假设张三有 $i=9$ 亿元，李四有 $j=7$ 亿元；然后张三生成一对 RSA 公私钥：PublicKey(n = 2 911 , e = 3) , PrivateKey(n = 2 911 , d = 43)。李四随机选取一个大整数 1 802，并利用张三公开的公钥对大整数加密得密文 K，然后李四将 $c=K-j(2\ 288-7=2\ 281)$ 发送给张三。张三用私钥对 $c+1$ 至 $c+10$ 进行加密，然后对 $c+i+1$ 至 $c+10$ 进行加 1 操作，最后计算 $x \bmod p$，比较得到结果为张三比李四富裕。

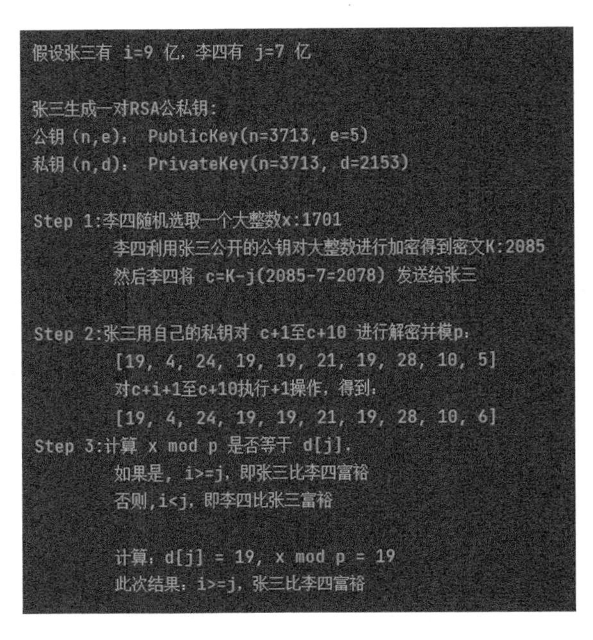

图 1.3　RSA 实现百万富翁问题第二次运行结果

通过以上代码可以看到，仅使用基本的 python 代码，不需要复杂的宏包，就可以完整地解决一个信息安全中的重要问题。其中百万富翁协议的实现部分不到 40 行代码，文中 RSA 的实现也只有 70 多行。后面章节会逐渐地展示 RSA、Elgamal、DSA 等几种最重要密码方法在数学上的原理以及代码实现，让枯燥的数学问题在代码的帮助下“活”起来。

第 2 章　整数可除性

从本章起，开始介绍数论理论。随着信息技术的不断发展，数论所涉及的知识在信息领域中(特别是信息安全领域)已经得到了广泛的应用。掌握数论的基本知识，对于从事信息安全理论与应用研究具有重要作用。本章主要介绍整除、最大公因数、最小公倍数、素数及欧几里得除法，为后面章节的数论知识做基础。

2.1　整除的概念和欧几里得除法

全体整数的集合通常用 Z 来表示，即 $Z=\{0, \pm 1, \pm 2, \pm 3, \cdots\}$。在整数集合 Z 中，任意两个整数均可进行加、减、乘运算，并且运算后的结果仍为整数，但如果用一个非零整数去除另一个非零整数，所得的商就不一定为整数。下面将给出整数整除的定义。

定义 2.1(整除)　a, b 是任意两个整数($b \neq 0$)，如果存在整数 q，使 $a=bq$，则称 b 整除 a 或者 a 被 b 整除，记为 $b|a$，b 叫作 a 的因子，a 叫作 b 的倍数。q 也是 a 的因子，记为 a/b，或$\frac{a}{b}$。否则 b 不能整除 a，或 a 不能被 b 整除，记 $b \nmid a$。

推论　由整除的性质，有以下推论：

(1)对任意整数 a，有 $1|a$；

(2)对任意非零整数 a，有 $a|0$；

(3)对任意非零整数 a，有 $a|a$；

(4)若 $b|a$，则 $b|(-a)$，$-b|(\pm a)$；

(5)当 b 遍历整数 a 的所有因数时，$-b$ 也遍历整数 a 的所有因子；

(6)当 b 遍历整数 a 的所有因数时，$\frac{a}{b}$也遍历整数 a 的所有因子。

下面，通过例子来加深对整除概念的理解。

例 2.1　证明：对任意正整数 n，均有 $6|n(n+1)(2n+1)$。

证明：

当 $n=1$ 时，$n(n+1)(2n+1)=1\times 2\times 3=6$，它是 6 的倍数，结论成立。

假设当 $n=k$ 时，结论成立，即

$$6|k(k+1)(2k+1)$$

则当 $n=k+1$ 时，有

$$n(n+1)(2n+1)=(k+1)(k+2)(2k+3)=k(k+1)(2k+1)+6(k+1)^2$$

由归纳假设，$6|k(k+1)(2k+1)$，并且 $6|6(k+1)^2$，从而得到

$$6 \mid (k+1)(k+2)(2k+3)$$

根据归纳法原理，$6 \mid n(n+1)(2n+1)$对任意正整数 n 成立。

证毕。

定理 2.1（同余传递） 设 $a, b \neq 0, c \neq 0$ 是三个整数。若 $c \mid b, b \mid a$，则 $c \mid a$。

证明：

设 $c \mid b, b \mid a$，则存在整数 q_1, q_2，使得 $b = cq_1, a = bq_2$。那么就有

$$a = bq_2 = (cq_1)q_2 = c(q_1q_2)$$

因为 q_1, q_2 是整数，所以 $c \mid a$。

证毕。

定理 2.2（同余加减法） 设 $a, b, c \neq 0$ 是三个整数，若 $c \mid a, c \mid b$，则 $c \mid a \pm b$。

证明：

设 $c \mid a, c \mid b$，则存在整数 q_1, q_2，使得 $a = cq_1, b = cq_2$。因此

$$a \pm b = cq_1 \pm cq_2 = c(q_1 \pm q_2)$$

因为 $q_1 \pm q_2$ 是整数，所以 $c \mid a \pm b$。

证毕。

定理 2.3 设 $a, b, c \neq 0$ 是三个整数。若 $c \mid a, c \mid b$，则对任意整数 s, t，都有 $c \mid sa + tb$。

证明：

设 $c \mid a, c \mid b$，则存在整数 q_1, q_2，使得 $a = cq_1, b = cq_2$。于是，对任意整数 s, t，有

$$sa + tb = s(cq_1) + t(cq_2) = c(sq_1 + tq_2)$$

又因为 $sq_1 + tq_2$ 是整数，所以 $c \mid sa + tb$。

证毕。

定理 2.4 设整数 $c \neq 0$。若整数 $a_1, \cdots, a_n$ 都是整数 c 的倍数，则对任意 n 个整数 $s_1, \cdots, s_n$，整数$a_1s_1 + \cdots + a_ns_n$ 是 c 的倍数。

证明：

设 $c \mid a_i, 1 \leqslant i \leqslant n$ 那么存在 n 个整数 $q_i, 1 \leqslant i \leqslant n$，使得

$$a_i = q_i * c, 1 \leqslant i \leqslant n$$

$$s_1a_1 + \cdots + s_na_n = s(q_1 * c) + \cdots + s(q_n * c) = (s_1q_1 + \cdots + s_nq_n) * c$$

因为 $s_1q_1 + \cdots + s_nq_n$ 是整数，所以$a_1s_1 + \cdots + a_ns_n$ 能被 c 整除。

证毕。

例 2.2 设 $a, b, c \neq 0$ 是三个整数。若 $c \mid a, c \mid b$，如果存在 s, t，使得 $sa + tb = 1$，则 $c = \pm 1$。

证明：

因 $c \mid a, c \mid b$，且 $sa + tb = 1$，$c \mid sa + tb \Rightarrow c \mid 1$，故 $c = \pm 1$。

证毕。

定理 2.5 设 a, b 都是非零整数，若 $a \mid b, b \mid a$，则 $a = \pm b$。

证明：

$a \mid b, b \mid a$，所以存在整数 q_1 和 q_2，使得

$$a = bq_1, b = aq_2$$

$$a = bq_1 = (aq_2)q_1 = a(q_1q_2)$$

于是 $q_1q_2 = 1$，因 q_1, q_2 是整数，所以

$$q_1 = q_2 = \pm 1$$

从而 $a = \pm b$。

证毕。

定义 2.2（素数和合数） 设整数 $n \neq 0, \pm 1$，如果除了 ± 1 和 $\pm n$ 外，n 没有其他因数，则 n 叫作素数（或质数、不可约数），否则 n 叫作合数。

注 当整数 $n \neq 0, \pm 1$ 时，n 和 $-n$ 同为素数或合数，因此，通常素数总是指正整数，又 p 是英语素数 prime 的第一个字母，所以用 p 表示素数。

定理 2.6 设 n 是一个正合数，p 是 n 的一个大于 1 的最小正因数，则 p 是素数，且 $p \leqslant \sqrt{n}$。

证明：

（反证法）若 p 是合数，则存在整数 q，$1 < q < p$，使得 $q \mid p$。又 $p \mid n$，于是 $q \mid n$，这与 p 是 n 的最小正因数的假设矛盾，所以 p 是素数。

因 n 是合数，p 是 n 大于 1 的最小正因数，所以存在整数 n_1，使得 $n = pn_1$，$1 < p, n_1 < n$，因此 $p^2 < n$，故 $p \leqslant \sqrt{n}$。

证毕。

定理 2.7（简单素数判别） 设 n 是一个正整数，如果对所有的素数 $p \leqslant \sqrt{n}$，都有 $p \nmid n$，则 n 是素数。

证明：

反证法（素数满足条件，排除合数可能）

假设 n 是合数，题设和定理 2.6 相矛盾。因为根据定理 2.6，它的大于 1 的最小正因数 $p'(p' \mid n)$ 是素数，且 $p' \leqslant \sqrt{n}$，所以 n 是素数，且满足假设条件。

证毕。

注 · 对于比较小的整数，定理 2.7 可以迅速判断它是否是素数。

· 每个不等于 1 的整数都有一个素因数。

以下是一些求素数的小技巧：

· 要求出不超过 n 的一切素数，只需把不超过 $\sqrt{n}$ 的素数的倍数划去即可。

· 要划掉素数 p 的倍数，可以从 p^2 开始划起，因对于每一个小于 p^2 的合数 a，它的最小素因数 $\leqslant \sqrt{a} < p$，因而在之前已被划掉了。

例 2.3 求出所有不超过 $N = 100$ 的素数。

解：

小于或等于 $\sqrt{100}$ 的所有素数为 2，3，5，7，划去 2，3，5，7 的倍数和 1，余下的即为 1 ~ 100 的所有素数。

如此，没有 2，3，5，7 作因子的都是素数。故 1 ~ 100 的素数有 2，3，5，7，11，13，17，19，23，29，31，37，41，43，47，53，59，61，67，71，73，79，83，89，97 共 25 个。

定理 2.8(素数无穷) 素数有无穷多个。

证明:

(反证法)假设整数中只有有限个素数,设它们为 $p_1,p_2,\cdots,p_k$。考虑整数

$$n=p_1p_2\cdots p_k+1$$

因为 $n>p_i,i=1,\cdots,k$,所以 n 的大于 1 的最小正因数 p 是素数。

根据定理 2.6,n 的大于 1 的最小正因数 p 是素数。因此,p 是 $p_1,p_2,\cdots,p_k$ 中的某一个,即存在 $j,1\leqslant j\leqslant k$,使得 $p=p_j$。由假设可知,n 是合数,不妨设 $n=p_j*n_1$,其中 n_1 是某个比 n 小的整数。则有

$$n-(p_1*\cdots*p_{j-1}*p_{j+1}*p_k)*p_j=1$$

即

$$p_j(n_1-(p_1*\cdots*p_{j-1}*p_{j+1}*p_k))=1$$

这是不可能的,故存在无穷多个素数。

证毕。

定理 2.9(欧几里得除法) 设 a,b 是两个整数,其中 $b>0$,则存在唯一的整数 q,r,使得

$$a=bq+r,0<r<b$$

其中 q 叫作 a 被 b 除所得的不完全商,r 叫作 a 被 b 除所得的余数。

证明:

(q,r 的存在性)考虑数列

$$\cdots,-3*b,-2*b,-b,0,b,2*b,3*b,\cdots$$

将实数轴分成长度为 b 的区间,而 a 必定落在其中的一个区间中。因此存在一个整数 q,使得

$$q*b\leqslant a<(q+1)*b$$

令 $r=a-q*b$,则有

$$a=bq+r,0\leqslant r<b$$

(q,r 的唯一性)若有整数 q,r 和 q_1,r_1,使得

$$a=bq+r,0\leqslant r<b$$

$$a=bq_1+r_1,0\leqslant r_1<b$$

两式相减,有

$$(q-q_1)*b=-(r-r_1)$$

当 $q\neq q_1$ 时,左边的绝对值$\geqslant b$,而右边的绝对值$<b$,这是不可能的,故 $q=q_1,r=r_1$。

证毕。

注 如果将条件 $b>0$ 改为 $b\neq 0$,则定理 2.7 的结论可改为

$$a=bq+r,0\leqslant r<|b|$$

推论 $b|a\Leftrightarrow a$ 被 b 除所得的余数 $r=0$。

由定理 2.7 和欧几里得除法,可以判断一个整数是否为素数。

例 2.4 证明 $N=137$ 为素数。

证明:

因小于等于 $\sqrt{137}<12$ 的素数有 2,3,5,7,11,又

$$137 = 68 \times 2 + 1, 137 = 45 \times 3 + 2$$
$$137 = 27 \times 5 + 2, 137 = 19 \times 7 + 4$$
$$137 = 12 \times 11 + 5$$

所以 2,3,5,7,11 皆不能整除 137。由定理 2.7 知,$N = 137$ 为素数。

一般地,对于整数 N 先求出不超过 $\sqrt{N}$ 的所有素数,若这些素数都不能整除 N,则 N 为素数,否则 N 为合数。

证毕。

定理 2.10(一般欧几里得除法)　设 a,b 是两个整数,其中 $b>0$,则对任意整数 c,存在唯一的整数 q,r,使得

$$a = bq + r, c \leqslant r < b + c$$

2.2　整数的表示

中国是世界上最早采用十进制的国家,在春秋战国时期普遍使用的算筹就是严格遵循十进制的,如《孙子算经》。因此,生活中遇到的整数通常是十进制的,但是在计算机领域中,数值通常会以二进制、八进制或者十六进制表示。为此,通过定义一般的 b 进制,再来定义特殊的二进制、八进制或者十六进制。运用欧几里得除法,可以得到以下定理。

定理 2.11(整数的表示)　设 b 是大于 1 的正整数,则任意正整数 n 都可以唯一地表示成

$$n = a_{k-1}b^{k-1} + a_{k-2}b^{k-2} + \cdots + a_1 b + a_0$$

其中 a_i 是整数,$0 \leqslant a_i \leqslant b-1, i = 1, \cdots, k-1$,且首项系数 $a_{k-1} \neq 0$。

证明:

先证表达式的存在性。

具体方法是逐次运用欧几里得除法,以得到所期望的表达式。

由欧几里得除法得下式

$$n = q_0 b + a_0, 0 \leqslant a_0 \leqslant b-1$$

再用 b 去除 q_0 得到

$$q_0 = q_1 b + a_1, 0 \leqslant a_1 \leqslant b-1$$

依次得到

$$q_1 = q_2 b + a_2, 0 \leqslant a_2 \leqslant b-1$$
$$q_2 = q_3 b + a_3, 0 \leqslant a_3 \leqslant b-1$$
$$\cdots\cdots$$
$$q_{k-3} = q_{k-2} b + a_{k-2}, 0 \leqslant a_{k-2} \leqslant b-1$$
$$q_{k-2} = q_{k-1} b + a_{k-1}, 0 \leqslant a_{k-1} \leqslant b-1$$

因为

$$0 \leqslant q_{k-1} < q_{k-2} < \cdots < q_2 < q_1 < q_0 < n$$

所以必有整数 k,使得 $q_{k-1} = 0$。这样,依次得到

$$n = q_0 b + a_0$$

$$n = (q_1 b + a_1) b + a_0 = q_1 b^2 + a_1 b + a_0$$

$$\cdots\cdots$$

$$n = q_{k-3} b^{k-2} + a_{k-3} b^{k-3} + \cdots + a_1 b + a_0$$

$$n = q_{k-2} b^{k-1} + a_{k-2} b^{k-2} + \cdots + a_1 b + a_0$$

$$n = (q_{k-1} b + a_{k-1}) b^{k-1} + a_{k-2} b^{k-2} + \cdots + a_1 b + a_0$$

$$n = a_{k-1} b^{k-1} + a_{k-2} b^{k-2} + \cdots + a_1 b + a_0$$

再证明唯一性。如果有两个不同的表达式:

$$n = a_{k-1} b^{k-1} + a_{k-2} b^{k-2} + \cdots + a_1 b + a_0, 0 \leqslant a_i \leqslant b-1, i=1,\cdots,k-1$$

$$n = c_{k-1} b^{k-1} + c_{k-2} b^{k-2} + \cdots + c_1 b + c_0, 0 \leqslant c_i \leqslant b-1, i=1,\cdots,k-1$$

(两式相减得到)

$$(a_{k-1} - c_{k-1}) b^{k-1} + (a_{k-2} - c_{k-2}) b^{k-2} + \cdots + (a_1 - c_1) b + (a_0 - c_0) = 0$$

假设 j 是最小的正整数使得 $a_j \neq c_j$,则

$$((a_{k-1} - c_{k-1}) b^{k-1-j} + (a_{k-2} - c_{k-2}) b^{k-2-j} + \cdots + (a_{j+1} - c_{j+1}) b + (a_j - c_j)) b^j = 0$$

$$(a_{k-1} - c_{k-1}) b^{k-1-j} + (a_{k-2} - c_{k-2}) b^{k-2-j} + \cdots + (a_{j+1} - c_{j+1}) b + (a_j - c_j) = 0$$

因此

$$a_j - c_j = -(a_{k-1} - c_{k-1}) b^{k-2-j} + (a_{k-2} - c_{k-2}) b^{k-3-j} + \cdots + (a_{j+1} - c_{j+1}) b$$

故

$$b \mid (a_j - c_j), |a_j - c_j| \geqslant b$$

但

$$0 \leqslant a_j \leqslant b-1, 0 \leqslant c_j \leqslant b-1$$

又有 $|a_j - c_j| < b$,互相矛盾,也就是说 n 的表达式是唯一的。

证毕。

定义 2.3 用 $n = (a_k a_{k-1} \cdots a_1 a_0)_b$ 表示展开式

$$n = a_k b^k + a_{k-1} b^{k-1} + \cdots + a_1 b + a_0$$

其中 $0 \leqslant a_i \leqslant b-1, i=0,1,2,\cdots,k, a_k \neq 0$。$n = (a_k a_{k-1} \cdots a_1 a_0)_b$ 称为整数 n 的 b 进制表示。

推论 每个正整数都可以表示成不同的 2 的幂的和。

例 2.5 表示整数 642 为二进制。

解:

因为:

$$642 = 2 \times 321 + 0, 321 = 2 \times 160 + 1$$

$$160 = 2 \times 80 + 0, 80 = 2 \times 40 + 0$$

$$40 = 2 \times 20 + 0, 20 = 2 \times 10 + 0$$

$$10 = 2 \times 5 + 0, 5 = 2 \times 2 + 1$$

$$2 = 2 \times 1 + 0, 1 = 2 \times 0 + 1$$

所以,$642 = (1010000010)_2$。

例 2.6 $(\mathrm{ABC8})_{16} = 10 \times 16^3 + 11 \times 16^2 + 10 \times 16 + 8 = (43\,976)_{10}$。

解

因为：

$$A=(11010)_2, B=(1011)_2, C=(1100)_2, 8=(1000)_2。$$

所以，$(ABC8)_{16}=(1010101111001000)_2$。

2.3　最大公因数与广义欧几里得除法

在讨论整数的性质中，不仅要讨论单个整数的因数，还要考虑多个整数的公共因数，特别是它们的最大公因数及相关计算。

定义 2.4（最大公因数）　设 $a_1, a_2, \cdots, a_n$ 是 $n(n\geqslant 2)$ 个整数，若整数 $d\mid a_k(k=1,2,\cdots,n)$，则称 d 是 $a_1, a_2, \cdots, a_n$ 的公因数。若 $a_1, a_2, \cdots, a_n$ 不全为零，则整数 $a_1, a_2, \cdots, a_n$ 的所有公因数中最大的一个公因数叫作最大公因数，记作 $(a_1, a_2, \cdots, a_n)$。特别地，当 $(a_1, a_2, \cdots, a_n)=1$ 时，称 $a_1, a_2, \cdots, a_n$ 互素或互质。

最大公因数可描述为：$d>0$ 是 $a_1, a_2, \cdots, a_n$ 的最大公因数，则 $d\mid a_1, d\mid a_2, \cdots, d\mid a_n$；若 $e\mid a_1, e\mid a_2, \cdots, e\mid a_n$，则 $e\mid d$。

例 2.7　$(14,21)=7, (-15,21)=3, (14,-15,21)=1$。

例 2.8　设 a, b 是两个整数，则 $(b,a)=(a,b)$。

例 2.9　设 a, b 是两个整数，如果 $b\mid a$，则 $(a,b)=b$。

例 2.10　设 p 是一个素数，a 为整数，如果 $p\nmid a$，则 p 与 a 互素。

证明：

设 $(p,a)=d$，则有 $d\mid p$，因 p 是素数，所以 $d=1$ 或 p。若 $d=p$，则因 $d\mid a$，于是 $p\mid a$，与题设 $p\times a$ 矛盾，故必有 $d=1$，从而 $(p,a)=1$。

证毕。

定理 2.12　设 $a_1, a_2, \cdots, a_n$ 是 n 个不全为零的整数，则

(1) $a_1, a_2, \cdots, a_n$ 与 $|a_1|, |a_2|, \cdots, |a_n|$ 的公因数相同；

(2) $(a_1, a_2, \cdots, a_n)=(|a_1|, |a_2|, \cdots, |a_n|)$。

证明：

设 $d\mid a_i, 1\leqslant i\leqslant n$，则有 $d\mid |a_i|$。故 $a_1, a_2, \cdots, a_n$ 的公因数也是 $|a_1|, |a_2|, \cdots, |a_n|$ 的公因数。

反之，设 $d\mid |a_i|, 1\leqslant i\leqslant n$，同样有 $d\mid a_i, 1\leqslant i\leqslant n$。故 $|a_1|, |a_2|, \cdots, |a_n|$ 的公因数也是 $a_1, a_2, \cdots, a_n$ 的公因数。

证毕。

例 2.11　设 a, b 是两个整数，则有

$$(a,b)=(-a,b)=(a,-b)=(|a|,|b|)$$

定理 2.13　设 b 是任一正整数，则 $(0,b)=b$。

证明：

因任何非零整数都是 0 的因数，而正整数 b 的最大因数为 b，故 $(0,b)=b$。

证毕。

例 2.12 $(0,21)=21,(-15,0)=15,(0,b)=|b|$。

定理 2.14（广义欧几里得除法） 设 a,b,c 是三个不全为零的整数，如果 $a=bq+c$，其中 q 是整数，则 $(a,b)=(b,c)$。

证明：

$$(a,b)=d,(b,c)=d',\text{则 } d|a,d|b$$

于是

$$d|a+(-q)b \Rightarrow d|c$$

所以 d 是 b,c 的公因数，从而 $d \leqslant d'$。同理可证，d' 是 a,b 的公因数，其中 q 是整数，因而 $d' \leqslant d$，故 $d=d'$。

证毕。

例 2.13 因为 $1\ 859=1\times 1\ 573+286,1\ 573=5\times 286+143$

所以

$$(1\ 859,1\ 573)=(1\ 573,286)=(286,143)=143$$

定理 2.15（广义欧几里得除法） 设 a,b 是任意两个整数，记 $r_0=a,r_1=b$。反复运用欧几里得除法

$$r_0=r_1q_1+r_2,0\leqslant r_2<r_1$$

$$r_1=r_2q_2+r_3,0\leqslant r_3<r_2$$

……

$$r_{n-2}=r_{n-1}q_{n-1}+r_n,0\leqslant r_n<r_{n-1}$$

$$r_{n-1}=r_nq_n+r_{n+1},r_{n+1}=0$$

因为

$$0<\cdots<r_n<r_{n-1}<\cdots<r_2<r_1=b$$

所以经过有限步骤，必存在 n，使得 $r_{n+1}=0$（算法停止）。

上述求两个整数的最大公因数的方法叫作广义欧几里得算法，也叫作辗转相除法。于是由广义欧几里得除法定理可知，$(a,b)=(r_0,r_1)=(r_1,r_2),=\cdots=(r_{n-1},r_n)=(r_n,r_{n+1})=(r_n,0)=r_n$。

定理 2.16（广义欧几里得算法） 设 a,b 是任意两个正数，r_n 是广义欧几里得算法中最后一个非零余数，则 $(a,b)=r_n$。

例 2.14 设 $a=-1\ 859,b=1\ 573$，计算 (a,b)。

解：

因为：

$$1\ 859=1\times 1\ 573+286$$

$$1\ 573=5\times 286+143$$

$$286=2\times 143$$

所以，$(-1\ 859,1\ 573)=(1\ 859,1\ 573)=143$。

例 2.15 设 $a=46\ 480,b=39\ 423$，计算 (a,b)。

解：

$$46\,480 = 1\times 39\,423 + 7\,057, 39\,423 = 5\times 7\,057 + 4\,138$$
$$7\,057 = 1\times 4\,138 + 2\,919, 4\,138 = 1\times 2\,919 + 1\,219$$
$$2\,919 = 2\times 1\,219 + 481, 1\,219 = 2\times 481 + 257$$
$$481 = 1\times 257 + 224, 224 = 6\times 33 + 26$$
$$224 = 1\times 26 + 7, 26 = 3\times 7 + 5$$
$$7 = 1\times 5 + 2, 5 = 2\times 2 + 1$$
$$2 = 2\times 1$$

所以$(46\,480, 39\,423) = 1$。

定理 2.17(裴蜀定理)　对任何整数 a,b,假设它们的最大公因数为 d,即 $\gcd(a,b)=d$,那么关于未知数 x 和 y 的线性不定方程(称为裴蜀等式):$ax+by=m$ 有整数解(x,y),当且仅当 m 是 d 的整数倍。

推论　整数 a,b 互素的充要条件是存在整数(x,y),使得 $ax+by=1$。

例 2.16　设 $a=-1\,859, b=1\,573$,求整数 s,t,使得 $sa+tb=(a,b)$。

解:

因

$$1\,859 = 1\times 1\,573 + 286, 1\,573 = 5\times 286 + 143, 286 = 2\times 143$$
$$143 = 1\,573 - 5\times 286, 286 = 1\,859 - 1\times 1\,573$$
$$143 = 1\,573 - 5\times 286 = 1\,573 - 5\times(1\,859 - 1\times 1\,573) = 5\times(-1\,859) + 6\times 1\,573$$

所以有整数 $s=5, t=6$,使得 $sa+tb=(a,b)=143$。

定理 2.18(最大公因子充要条件)　设 a,b 是任意两个不全为零的整数,d 是正整数,则 $d=(a,b)$的充要条件是:

(1)$d|a, d|b$;

(2)若 $e|a, e|b$,则 $e|b$。

证明:

若 $d=(a,b)$,则显然 $d|a, d|b$。由定理 2.17,存在整数 s,t,使得 $sa+tb=d$。于是若 $e|a, e|b$,则 $e|sa+tb$,因而 $e|b$。反之,若(1)成立,则 d 是 a,b 的公因数;若(2)成立,则 a,b 的任一公因数 $e|b$,于是 $|e|\leqslant d$,因此,d 是 a,b 的最大公因数。

注:定理中条件(1)和(2)可以作为最大公因数的定义。

证毕。

定理 2.19　设 a,b 是任意两个不全为零的整数。

(1)若 m 是任一正整数,则$(am,bm)=(a,b)m$。

(2)若非零整数 d 满足 $d|a, d|b$,则$\left(\frac{a}{d},\frac{b}{d}\right)=\frac{(a,b)}{|d|}$。特别地,$\left(\frac{a}{(a,b)},\frac{b}{(a,b)}\right)=1$。

证明:

(1)设 $d=(a,b), d'=(am,bm)$,则存在整数 s,t,使得 $sa+tb=d$。

两端同乘以 m,得 $s(am)+t(bm)=dm$,于是 $d'|dm$。又因

$$d|a, d|b, \Rightarrow dm|am, dm|bm, \Rightarrow dm|d'$$

而 md 和 d'都是正整数,所以 $md=d'$。即$(a,b)m=(ma,mb)$。

(2)当 $d|a,d|b$ 时，由(1)有

$$(a,b)=\left(\frac{a}{|d|}\cdot|d|,\frac{b}{|d|}\cdot|d|\right)=\left(\frac{a}{|d|},\frac{b}{|d|}\right)|d|=\left(\frac{a}{d},\frac{b}{d}\right)|d|$$

因此

$$\left(\frac{a}{d},\frac{b}{d}\right)=\frac{(a,b)}{|d|}$$

特别地，取 $d=(a,b)$ 时，有 $\left(\frac{a}{(a,b)},\frac{b}{(a,b)}\right)=1$。

证毕。

定理 2.20（递次求最大公因子） 设 $a_1,a_2,\cdots,a_n$ 是 n 个整数，且 $a_1\neq0$，令

$$(a_1,a_2)=d_2,(d_2,a_3)=d_3,\cdots,(d_{n-1},a_n)=d_n$$

则 $(a_1,a_2,\cdots,a_n)=d_n$。

例 2.17 计算最大公因数(120,150,210,35)。

解：

因

$$(120,150)=(4,5)\cdot30=30$$
$$(30,210)=30$$
$$(30,35)=5$$

所以，最大公因数(120,150,210,35)=5。

定理 2.21 设 a,b 是两个整数，则 $(2^a-1,2^b-1)=1\Leftrightarrow2^{(a,b)}-1=1\Leftrightarrow(a,b)=1$。

证明：

不妨设 $a>b$，由欧几里得算法，知 $a=bq+r,b>r\geqslant0$。

$$\begin{aligned}2^a-1&=2^{bq}2^r-1+2^r-2^r=2^r(2^{bq}-1)+2^r-1=2^r((2^b)^q-1)+2^r-1\\&=2^rp(2^b-1)+2^r-1\end{aligned}$$

其中，$(2^b)^q-1$ 可以展开为某一个整数 p 与 2^b-1 的积。由广义欧几里得除法可知。

证毕。

在本小节的最后，利用 python 代码来实现任意两个整数的最大公因数，这段代码就是用递归的方法实现了扩展的欧几里得算法。具体 python 代码如下所示：

```
1.# - * - coding: utf - 8 - * -
2.#任意两个整数的最大公因数
3.import random
4.a = random.randint(1000, 100000)
5.b =random.randint(1000, 100000)
6.print(" \n a = {}  and B = {}  ".format(a, b))
7.def gcd(a, b):
8.    if b > a:
9.        return gcd(b, a)
10.   if a % b = = 0:
11.       return b
12.   return gcd(b, a % b)
13.print(" \n 最大公因数 GCD = {}  ".format(gcd(a, b)))
```

运行程序后，分别输入整数 A 和整数 B，测试结果如图 2.1 所示。

```
A = 91830  and B = 62288

最大公因数GCD = 2
```

图 2.1　扩展欧几里得算法求两个数的最大公因数运行结果

2.4　整除的进一步性质及最小公倍数

为了对整除有更进一步的了解，下面来讨论整除的性质。

定理 2.22　设 a,b,c 是三个整数，且 $b\neq0,c\neq0$。如果 $(a,c)=1$，则 $(ab,c)=(b,c)$。

证明：

令 $d=(ab,c),d'=(b,c)$，则有 $d'|b,d'|c$，于是有 $d'|ab,d'|c$，从而 $d'|d$。反之，因 $(a,c)=1$，由裴蜀定理可知，存在整数 s,t，使得 $sa+tb=1$。两端同乘以 b，得 $s(ab)+(tb)c=b$。由 $d|ab,d|c$，可得 $d|s(ab)+(tb)c$，即有 $d|b$，于是有 $d'|d$，故 $d=d'$。

证毕。

推论　设 a,b,c 是三个整数，且 $c\neq0$，如果 $c|ab,(a,c)=1$，则 $c|b$。

定理 2.23　设 p 是素数，a,b 为整数，若 $p|ab$，则 $p|a$ 或 $p|b$。

证明：

因 p 是素数，所以若 $p\nmid a$，则 $(p,a)=1$。又因 $p|ab$，则由定理 2.22 的推论有 $p|b$。

证毕。

定理 2.24　设 a,b,c 是整数，若 $(a,c)=1,(b,c)=1$，则 $(ab,c)=1$。

证明：

由题设及定理 2.22，有 $(ab,c)=(b,c)=1$。

证毕。

定义 2.5（最小公倍数）　设 $a_1,a_2,\cdots,a_n$ 是 n 个整数，若 $a_1|m,a_2|m,\cdots,a_n|m$，则 m 叫作 $a_1,a_2,\cdots,a_n$ 的一个公倍数。$a_1,a_2,\cdots,a_n$ 的所有公倍数中最小正整数叫作最小公倍数，记作 $[a_1,a_2,\cdots,a_n]$。

定理 2.25（互素正整数最小公倍数）　设 a,b 是两个互素的正整数，则

(1) 若 $a|m,b|m$，则 $ab|m$；

(2) $[a,b]=ab$。

证明：

(1) 若 $a|m$，则 $m=ak$，又 $b|m$，即 $b|ak$，而 $(a,b)=1$，所以 $b|k$，由此可得 $k=bt$，于是有 $m=abt$，故 $ab|m$。

(2) 显然 ab 是 a,b 的公倍数。又若 $a|m,b|m$，由 (1) 可得 $ab|m$，所以 ab 是 a,b 的最小

公倍数，故$[a,b]=ab$。

证毕。

定理 2.26（最大公因子和最小公倍数） 设a,b是两个正整数，则

(1)$[a,b]=\frac{ab}{(a,b)}$，即$[a,b](a,b)=ab$；

(2)若$a|m,b|m$，则$[a,b]|m$。

证明：

(1)设m是a,b的一个公倍数，那么存在整数k_1,k_2，使得$m=ak_1,m=bk_2$，因此

$$ak_1=bk_2\Rightarrow\frac{a}{(a,b)}k_1=\frac{b}{(a,b)}k_2$$

由于$(\frac{a}{(a,b)},\frac{b}{(a,b)})=1$，所以有$\frac{b}{(a,b)}|k_1$，即有$k_1=\frac{b}{(a,b)}t$，$t$为某个整数。于是

$$m=ak_1=\frac{ab}{(a,b)}t$$

所以a,b的任一公倍数m可表成$m=\frac{ab}{(a,b)}t$的形式。

另一方面，对任意的整数t，$\frac{ab}{(a,b)}t$显然是a,b的公倍数。当$t=1$时，得到最小公倍数$[a,b]=\frac{ab}{(a,b)}$。

(2)由(1)的证明可知，a,b的任一公倍数m可表示成

$$m=\frac{ab}{(a,b)}t=[a,b]*t$$

所以$[a,b]|m$。

证毕。

定理 2.27（最小公倍数计算） 设$a_1,a_2,\cdots,a_n$是n个整数，令

$$[a_1,a_2]=m_2,[m_2,a_3]=m_3,\cdots,[m_{n-1},a_n]=m_n$$

则$[a_1,a_2,\cdots,a_n]=m_n$。

例 2.18 计算最小公倍数[120,150,210,35]

解：

因

$$[120,150]=[4,5]\times30=\frac{4\times5}{(4,5)}\times30=600$$

$$[600,210]=[20,7]\times30=\frac{20\times7}{(20,7)}\times30=4\ 200$$

$$[4\ 200,35]=[120,1]\times35=120\times35=4\ 200$$

故

$$[120,150,210,35]=4\ 200$$

定理 2.28 若m是整数$a_1,a_2,\cdots,a_n$的公倍数，则$[a_1,a_2,\cdots,a_n]|m$。

2.5　算术基本定理

前面讨论过素数,并证明了每个整数都有一个素因数。下面证明每个整数一定可以表示成素数的乘积,而且该表达式是唯一的(在不考虑乘积顺序的情况下)。

定理2.29(算术基本定理)　任一整数$n(n>1)$都可以表达成素数的乘积,且在不考虑乘积次序的情况下,表达式是唯一的。即

$$n=p_1p_2\cdots p_s, p_1\leqslant p_2\leqslant\cdots\leqslant p_s$$

其中p_i是素数,且若

$$n=q_1q_2\cdots q_t, q_1\leqslant q_2\leqslant\cdots\leqslant q_t$$

其中q_j是素数,则

$$s=t, p_i=q_i, 1\leqslant i\leqslant s$$

定理2.30　任一大于1的整数n能够唯一地表示成

$$n=p_1^{\alpha_1}p_2^{\alpha_2}\cdots p_s^{\alpha_s}, \alpha_i>0, i=1,2,\cdots,s \tag{2.1}$$

其中,$p_1p_2\cdots p_s$为素数,$p_i<p_j(i<j)$;分解式(2.1)叫作n的标准分解式。

注　有时候为了应用方便,在分解式中插入若干素数的零次幂,而把n表示成下面形式:

$$n=p_1^{\alpha_1}p_2^{\alpha_2}\cdots p_k^{\alpha_k}, \alpha_i\geqslant 0, i=1,2,\cdots,k$$

定理2.31(算术基本定理整除性)　设n是一个大于1的整数,且

$$n=p_1^{\alpha_1}p_2^{\alpha_2}\cdots p_s^{\alpha_s}, \alpha_i>0, i=1,2,\cdots,s$$

则$d|n(d>0)\Leftrightarrow d=p_1^{\beta_1}p_2^{\beta_2}\cdots p_s^{\beta_i}, \beta_s\geqslant\alpha_i\geqslant 0, i=1,2,\cdots,s$。

证明:

若$d|n$,则$n=dq$,由标准分解式的唯一性,d的标准分解式中出现的素数都在$p_j(j=1,2,\cdots,s)$中出现,且p_j在d的标准分解式中出现的指数$p_j\leqslant\alpha_j$。反之,当$p_j\leqslant\alpha_j$时,显然$d|n$。

证毕。

例2.19　写出整数45,49,100,126的因数分解式及标准分解式。

解:

由上述定理可知,因数分解式为

$$45=3\times3\times5, 49=7\times7, 100=2\times2\times5\times5, 126=2\times3\times3\times7$$

标准分解式为

$$45=3^2\times5, 49=7^2, 100=2^2\times5^2, 136=2\times3^2\times7$$

定理2.32(算术基本定理最大公因子最小公倍数)　设a,b是任意两个正整数,且

$$a=p_1^{\alpha_1}p_2^{\alpha_2}\cdots p_s^{\alpha_s}, \alpha_i\geqslant 0, i=1,2,\cdots,s$$

$$b=p_1^{\beta_1}p_2^{\beta_2}\cdots p_s^{\beta_s}, \beta_i\geqslant 0, i=1,2,\cdots,s$$

则

$$(a,b)=p_1^{\gamma_1}p_2^{\gamma_2}\cdots p_s^{\gamma_s}$$

$$[a,b]=p_1^{\delta_1}p_2^{\delta_2}\cdots p_s^{\delta_s}$$

其中

$$\gamma_i=\min(\alpha_i,\beta_i),\delta_i=\max(\alpha_i,\beta_i),i=1,2,\cdots,s$$

证明：

设 $d=p_1^{\gamma_1}p_2^{\gamma_2}\cdots p_s^{\gamma_s}$，则 d 是 a,b 的公因数$\Leftrightarrow 0\leqslant\gamma_i\leqslant\alpha_i,0\leqslant\gamma_i\leqslant\beta_i,(i=1,2,\cdots,s)$，即 d 是 a,b 的公因数$\Leftrightarrow 0\leqslant\gamma_i\leqslant\min(\alpha_i,\beta_i),(i=1,2,\cdots,s)$，于是

$$d=(a,b)\Leftrightarrow\gamma_i=\min(\alpha_i,\beta_i),i=1,2,\cdots,s$$

令 $m=p_1^{\delta_1}p_2^{\delta_2}\cdots p_s^{\delta_s}$，则 m 是 a,b 的公倍数$\Leftrightarrow\delta_i\geqslant\alpha_i,\delta_i\geqslant\beta_i,i=1,2,\cdots,s$，即 m 是 a,b 的公倍数$\Leftrightarrow\delta_i\geqslant\max(\alpha_i,\beta_i),i=1,2,\cdots,s$。

于是

$$m=[a,b]\Leftrightarrow\delta_i=\max(\alpha_i,\beta_i),i=1,2,\cdots,s$$

证毕。

例 2.20 计算 35,120,150,210 的最大公因数和最小公倍数。

解：

因为

$$35=5\times7$$
$$120=2^3\times3\times5$$
$$150=2\times3\times5^2$$
$$210=2\times3\times5\times7$$

所以，最大公因数为 $(35,120,150,210)=5$，最小公倍数为 $[35,120,150,210]=2^3\times3\times5^2\times7=4\ 200$。

在这里，通过 python 代码来实现求解一个数值的因数分解式，这段代码用递归的形式来说明了如何求整数的素数分解式。函数 getChildren( ) 根据用户输入的 number 值进行因数分解。具体代码如下所示。

```
1.import math
2.
3.number = int(input("输入要分解的整数: "))
4.list = []
5.
6.def getChildren(num):
7.    isZhishu = True
8.    i = 2
9.    square = int(math.sqrt(num)) + 1
10.    while i < = square:
11.        if num % i = = 0:
12.            list.append(i)
13.            isZhishu = False
14.            getChildren(num /i)
15.            i + = 1
```

```
16.             break
17.         i + = 1
18.     if isZhishu:
19.         list.append(num)
21.getChildren(number)
22.print('因数分解结果:',list)
```

运行上述的 python 代码后，输入一个整数 20 201 212，可以得到该整数的因数分解式中的所有因数为[2,2,31,101,1 613]，结果如图 2.2 所示。

```
输入要分解的整数: 20201212
因数分解结果:  [2, 2, 31, 101, 1613]
```

图 2.2　求解整数 20 201 212 的因数分解式运行结果

习　题

1. 证明：若 $2\mid n, 5\mid n, 7\mid n$，则 $70\mid n$。

2. 证明：若 $5\mid n, 11\mid n$，则 $55\mid n$。

3. 证明：任意三个连续整数的乘积能被 6 整除。

4. 证明：若 a,b,c 是互素且非零的整数，那么 $(a,b,c)=(a,b)(a,c)$。

5. 求以下整数对的最大公因数：

(1)(55,85)

(2)(202,282)

(3)(666,1 414)

6. 求下列各数的素因数分解式：

(1)69

(2)289

(3)625

(4)2 154

7. 求下列各对数的最小公倍数：

(1)[8,60]

(2)[18,27]

(3)[64,88]

(4)[132,253]

8. 利用广义欧几里得除法求整数 s,t 使得 $s\cdot a+t\cdot b=(a,b)$。

(1)(1 613,3 589)

(2)(2 947,3 772)

(3)(1 107,822 916)

9. 设 a,b 是正整数。证明:若$[a,b]=(a,b)$,则 $a=b$。

10. 证明:若$(a,4)=2,(b,4)=2$,则$(a+b,4)=4$。

11. 设 m,n 为正整数,m 是奇数。证明 2^m-1 和 2^n+1 互素。

12. 假设移位密码的密钥为 $k=7$,试用移位密码加密如下明文:

Themissionwillbegintomorrow

然后用解密变换验证。

13. 假设仿射密码的密钥为$(a,b)=(5,6)$,试用仿射密码加密如下明文:

Themissionwillbegintomorrow

然后用解密变换验证。

第 3 章　整数同余性质

人们在最开始学习整数除法的时候,可能比较关注计算结果。但是,从这一节开始,将转换一下角度,引入了同余的概念,从余数的角度看待计算结果。同余是数论中一个非常重要的概念,并且同余理论在密码学中,特别是公钥密码学中同样有着非常重要的应用。本章主要介绍同余的基本概念和基本性质、剩余类、完全剩余系和简化剩余系等内容,同时同余运算、欧拉定理、费马小定理等都有所涉及。

3.1　基本概念及基本性质

在数学中,所谓同余,其实就是“余数相同”。如钟表转一圈一共 12 小时,$19=12\times1+7$,$7=12\times0+7$,因为 19 和 7 除以 12 余数相同,因此 19 和 7 模 12 同余(除数称为“模”),因此 19 点等于 7 小时(模 12 的意义下)。

定义 3.1(同余)　给定一个正整数 m,如果对于整数 a,b 有 $m\mid(a-b)$,则 a,b 叫作模 m 同余,记作

$$a\equiv b\pmod{m}$$

否则,叫作模 m 不同余,记作

$$a\not\equiv b\pmod{m}$$

例 3.1　因 $7\mid(29-1)$,所以 $29\equiv1\pmod{7}$。因 $7\mid(23+5)$,所以 $23\equiv-5\pmod{7}$。

定理 3.1(同余充要条件)　设 m 是一个正整数,a,b 是两个整数,则 $a\equiv b\pmod{m}$ 的充要条件是存在整数 k,使得 $a=b+km$。

证明:

$$a\equiv b\pmod{m}\Leftrightarrow m\mid a-b\Leftrightarrow \text{存在整数 } k,\text{使得}$$

$$a-b=km\Leftrightarrow a=b+km$$

证毕。

例 3.2　因 $67=8\times8+3$,所以 $67\equiv3\pmod{8}$。

定理 3.2(同余性质)　下面给出同余的三个性质:

(1)(自反性)对任一整数 a,$a\equiv a\pmod{m}$;

(2)(对称性)若 $a\equiv b\pmod{m}$,则 $b\equiv a\pmod{m}$;

(3)(传递性)若 $a\equiv b\pmod{m}$,则 $b\equiv c\pmod{m}$,则 $a\equiv c\pmod{m}$。

证明:

(1)因 $m\mid a-a=0$,所以 $a\equiv a\pmod{m}$;

(2)若 $a\equiv b\pmod{m}$,则 $m\mid a-b$,有 $m\mid b-a$,于是 $b\equiv a\pmod{m}$;

(3)若 $a \equiv b \pmod m$,$b \equiv c \pmod m$,则 $m \mid a-b$,$m \mid b-c$,于是 $m \mid (a-b)+(b-c)=a-c$,故 $a \equiv c \pmod m$。

证毕。

定理 3.3 整数 a,b 模 m 同余的充要条件是 a,b 被 m 除的余数相同。

证明:

设 $a=qm+r,0\leqslant r<m,b=q'm+r',0\leqslant r'<m$,则 $a-b=(q-q')m+(r-r')$,于是

$$m \mid (a-b) \Leftrightarrow m \mid r-r'$$

但

$$0 \leqslant |r-r'| < m$$

所以

$$m \mid r-r' \Leftrightarrow r-r'=0$$

即 $r=r'$。

证毕。

例 3.3 因 $39=5\times7+4$,$25=3\times7+4$,所以 $39\equiv25 \pmod 7$。

定理 3.4(同余运算法) 设 m 是一个正整数,a_1,a_2,b_1,b_2 是整数。若 $a_1\equiv b_1 \pmod m$,$a_2\equiv b_2 \pmod m$,则

(1)$a_1\pm a_2\equiv b_1\pm b_2 \pmod m$;

(2)$a_1a_2\equiv b_1b_2 \pmod m$。

特别地,若 $a\equiv b \pmod m$,则 $ak\equiv bk \pmod m$。

证明:

因 $a_1\equiv b_1 \pmod m$,$a_2\equiv b_2 \pmod m$,$a_1=b_1+k_1m$,$a_2=b_2+k_2m$,于是

$$a_1\pm a_2=b_1\pm b_2+(k_1\pm k_2)m$$

$$a_1a_2=b_1b_2+(k_1b_2+k_2b_1+k_1k_2m)m$$

因 $k_1\pm k_2$,$k_1b_2+k_2b_1+k_1k_2m$ 都是整数,所以有

$$a_1\pm a_2=b_1\pm b_2 \pmod m$$

$$a_1a_2=b_1b_2 \pmod m$$

证毕。

例 3.4 $39\equiv4 \pmod 7$,$22\equiv1 \pmod 7$,所以 $39+22\equiv4+1 \pmod 7$,即 $61\equiv5 \pmod 7$,又 $39\times22\equiv4\times1 \pmod 7$,故 $858\equiv4 \pmod 7$。

例 3.5 2020 年 5 月 8 日是星期五,问第 $2^{2\,003}$ 天后是星期几?

解:

因 $2\equiv2 \pmod 7$,$2^2\equiv4 \pmod 7$,$2^3\equiv8\equiv1 \pmod 7$,又

$$2^{2\,003}\equiv2^{667\cdot3+2}=(2^3)^{667}\cdot2^2\equiv1\cdot4\equiv4 \pmod 7$$

故第 $2^{2\,003}$ 天是星期二。(星期五加 4 天)

定理 3.5(同余多项式) 若 $x\equiv y \pmod m$,$a_i\equiv b_i \pmod m$,$i=0,1,2,\cdots,k$,则

$$a_0+a_1x+\cdots+a_kx^k\equiv b_0+b_1y+\cdots+b_ky^k \pmod m$$

证明:

设 $x \equiv y(\mathrm{mod}\ m)$，由定理 3.4 性质二有

$$x^i \equiv y^i(\mathrm{mod}\ m),0 \leqslant i \leqslant k$$

又

$$a_i \equiv b_i(\mathrm{mod}\ m),0 \leqslant i \leqslant k$$

由定理 3.4 性质二又有

$$a_i x^i \equiv b_i y^i(\mathrm{mod}\ m),0 \leqslant i \leqslant k$$

由定理 3.4 性质一则有

$$a_0 + a_1 x + \cdots + a_k x^k \equiv b_0 + b_1 y + \cdots + b_k y^k(\mathrm{mod}\ m)$$

证毕。

定理 3.6（模 3 和 9 的整数同余）　设整数 n 有十进制表示式

$$n = a_k 10^k + a_{k-1}10^{k-1} + \cdots + a_1 10 + a_0,0 \leqslant a_i < 10$$

则

$$3 \mid n \Leftrightarrow 3 \mid a_k + a_{k-1} + \cdots + a_0$$

而

$$9 \mid n \Leftrightarrow 9 \mid a_k + a_{k-1} + \cdots + a_0$$

证明：

因 $10 \equiv 1(\mathrm{mod}\ 3),a_i \equiv a_i(\mathrm{mod}\ 3),1^i \equiv 1(\mathrm{mod}\ 3),0 \leqslant i \leqslant k$，由定理 3.5 有

$$a_k 10^k + a_{k-1}10^{k-1} + \cdots + a_1 10 + a_0 \equiv a_k + a_{k-1} + \cdots + a_1 + a_0(\mathrm{mod}\ 3)$$

所以

$$\begin{aligned}3 \mid n &\Leftrightarrow a_k 10^k + a_{k-1}10^{k-1} + \cdots + a_1 10 + a_0 \equiv 0(\mathrm{mod}\ 3)\\ &\Leftrightarrow a_k + a_{k-1} + \cdots + a_1 + a_0 \equiv 0(\mathrm{mod}\ 3)\\ &\Leftrightarrow 3 \mid a_k + a_{k-1} + \cdots + a_1 + a_0\end{aligned}$$

因 $10 \equiv 1(\mathrm{mod}\ 9)$，所以同理可证 $9 \mid n \Leftrightarrow 9 \mid a_k + a_{k-1} + \cdots + a_1 + a_0$。

证毕。

定理 3.7　设 n 有 1000 进制表示式 $n = a_k 1\,000^k + \cdots + a_1 1\,000 + a_0,0 \leqslant a_i < 1\,000$，则 7（或 11，或 13）整除 $n \Leftrightarrow$ 7（或 11，或 13）整除 $(a_0 + a_2 + \cdots) - (a_1 + a_3 + \cdots) = \sum_{i=0}^{k}(-1)^i a_i$。

证明：

因 $1\,000 \equiv -1(\mathrm{mod}\ 7)$，所以 $1\,000^i \equiv (-1)^i(\mathrm{mod}\ 7),0 \leqslant i \leqslant k$。即

$$1\,000 \equiv 1\,000^3 \equiv 1\,000^5 \equiv \cdots \equiv -1(\mathrm{mod}\ 7)$$

$$1\,000^2 \equiv 1\,000^4 \equiv 1\,000^6 \equiv \cdots \equiv 1(\mathrm{mod}\ 7)$$

于是

$$\begin{aligned}a_k 1\,000^k + a_{k-1}1\,000^{k-1} + \cdots + a_1 1\,000 + a_0 &\equiv a_k(-1)^k + a_{k-1}(-1)^{k-1} + \cdots + a_1(-1) + a_0\\ &\equiv (a_0 + a_2 + \cdots) - (a_1 + a_3 + \cdots)(\mathrm{mod}\ 7)\end{aligned}$$

因 $1\,000 \equiv -1(\mathrm{mod}\ 11),1\,000 \equiv -1(\mathrm{mod}\ 13)$，所以结论对于 $m = 11$ 或 $m = 13$ 也成立。

证毕。

定理 3.8（模整数除法）　设 m 是一个正整数，$ad \equiv bd(\mathrm{mod}\ m)$，如果 $(d,m) = 1$，则 $a \equiv$

$b(\mathrm{mod}\ m)$。

证明：

若 $ad \equiv bd(\mathrm{mod}\ m)$，则 $m \mid ad-bd$，即 $m \mid d(a-b)$。因 $(d,m)=1$，所以 $m \mid a-b$。故 $a \equiv b(\mathrm{mod}\ m)$。

证毕。

定理 3.9（模整数乘法） 设 m 是一个正整数，$a \equiv b(\mathrm{mod}\ m)$，$k>0$，则 $ak \equiv bk(\mathrm{mod}\ mk)$。

证明：

由下列可证得

$$\begin{aligned} a \equiv b(\mathrm{mod}\ m) &\Rightarrow m \mid a-b \\ &\Rightarrow mk \mid (a-b)k = ak-bk \\ &\Rightarrow ak \equiv bk(\mathrm{mod}\ mk) \end{aligned}$$

证毕。

定理 3.10（模整数公因子除法） 设 m 是一个正整数，$a \equiv b(\mathrm{mod}\ m)$，如果 d 是 a,b 及 m 的任一公因数，则

$$\frac{a}{d} \equiv \frac{b}{d}(\mathrm{mod}\ \frac{m}{d})$$

定理 3.11（同余换模） 设 m 是一个正整数，$a \equiv b(\mathrm{mod}\ m)$，如果 $n \mid m$，则 $a \equiv b(\mathrm{mod}\ n)$。

证明：

因 $a \equiv b(\mathrm{mod}\ m)$，由定理 3.1 可知 $m \mid a-b$。又已知 $n \mid m$，于是由定理 3.2 的同余传递性得 $n \mid a-b$。故由定理 3.1 可知 $a \equiv b(\mathrm{mod}\ n)$。

证毕。

定理 3.12（多整数最小公倍数同余） 设 $m_1,m_2,\cdots,m_k$ 是正整数，且

$$a \equiv b(\mathrm{mod}\ m_i), i=0,1,2,\cdots,k$$

则

$$a \equiv b(\mathrm{mod}\ [m_1,m_2,\cdots,m_k])$$

证明：

因 $a \equiv b(\mathrm{mod}\ m_i)$，$i=0,1,2,\cdots,k$，则 $m_i \mid a-b$，$i=1,2,\cdots,k$，于是由定理 2.28 知 $[m_1,m_2,\cdots,m_k] \mid a-b$，故由定理 2.28 知 $a \equiv b(\mathrm{mod}\ [m_1,m_2,\cdots,m_k])$。

证毕。

推论 设 $m_1,m_2,\cdots,m_k$ 是两两互素的正整数，且

$$a \equiv b(\mathrm{mod}\ m_i), i=1,2,\cdots,k$$

则

$$a \equiv b(\mathrm{mod}\ [m_1,m_2,\cdots,m_k])$$

例 3.6 设 p,q 是不同的素数，如果有 $a \equiv b(\mathrm{mod}\ p)$，$a \equiv b(\mathrm{mod}\ q)$，则 $a \equiv b(\mathrm{mod}\ pq)$。

证明：

由题设及定理，有 $a \equiv b(\mathrm{mod}\ [p,q])$，又因 $(p,q)=1$，所以 $[p,q]=pq$。故 $a \equiv b(\mathrm{mod}\ pq)$。

证毕。

定理 3.13（同余与最大公因子） 设 m 是正整数，$a \equiv b(\mathrm{mod}\ m)$，则 $(a,m)=(b,m)$。

证明：

因 $a\equiv b(\mathrm{mod}\ m)$，则存在整数 k，使得 $a=b+mk$。由上式表明，存在整数 h，使得

$$h|a,h|m\Leftrightarrow h|b$$

和

$$h|b,h|m\Leftrightarrow h|a$$

即 a,m 与 b,m 有相同的公因数，从而 $(a,m)=(b,m)$。

证毕。

从广义欧几里德除法也可证。

3.2　剩余类及完全剩余系

同余是一种等价的关系，所以可以借助于同余对全体整数进行分类，并将每一类作为一个数来看待，进而得到整数的一些新性质。这些性质已在信息安全中得到普遍的应用。

注　设 R 是非空集合 A 上的二元关系，若 R 是自反的、对称的、传递的，则称 R 是 A 上的等价关系。研究等价关系的目的在于将集合中的元素进行分类，选取每类的代表元素来降低问题的复杂度，如在软件测试时，可利用等价类来选择测试用例。

例如：

同班同学关系、同乡关系是等价关系。平面几何中三角形间的相似关系、全等关系都是等价关系。平面几何中直线间的平行关系是等价关系。

设 m 是一个正整数，对任意整数 a，令

$$C_a=\{c|a\equiv c(\mathrm{mod}\ m),c\in Z\}$$

因 $a\in C_a$，所以 $C_a\neq\Phi$。

定理 3.14　设 m 是正整数，则

(1)任一整数必包含在一个 C_r 中，$0\leqslant r\leqslant m-1$；

(2)$C_a=C_b\Leftrightarrow a\equiv b(\mathrm{mod}\ m)$；

(3)$C_a\cap C_b=\Phi\Leftrightarrow a\not\equiv b(\mathrm{mod}\ m)$。

证明：

(1)设 a 为任一整数，由欧几里得除法，有

$$a=mq+r,0\leqslant r<m$$

因此 $r=a(\mathrm{mod}\ m)$，于是 $a\in C_r$。

(2)设 $C_a=C_b$，则

$$a\in C_a=C_b$$

于是 $a\equiv b(\mathrm{mod}\ m)$。反之(从右到左)，设 $a\equiv b(\mathrm{mod}\ m)$。对任意 $c\in C_a$，则 $a\equiv b(\mathrm{mod}\ m)$ 于是

$$b\equiv c(\mathrm{mod}\ m)$$

所以 $c\in C_b$，故 $C_a\subseteq C_b$。同理可证 $C_b\subseteq C_a$。从而 $C_a=C_b$。

(3)由(2)即得必要性。

下面证明充分性。

（反证法）设 $a \not\equiv b(\bmod m)$。若 $C_a \cap C_b \neq \Phi$，则有 $c \in C_a, c \in C_b$，于是有 $a \equiv c(\bmod m)$ 及 $b \equiv c(\bmod m)$，从而 $a \equiv b(\bmod m)$，与假设矛盾。故 $C_a \cap C_b = \Phi$。

证毕。

定义 3.2（完全剩余系） $C_a = \{c \mid a \equiv c \bmod m, c \in Z\}$ 叫作模 m 的 a 的剩余类。一个剩余类中的任一数叫作该类的剩余或代表元。若 $r_0, r_1, \cdots, r_{m-1}$ 是 m 个整数，并且任何两个都不在一个剩余类中，则这 m 个数叫作模 m 的一个完全剩余系。

(1)模 m 的剩余类有 m 个 $C_0, C_1, \cdots, C_{m-1}$。在同一剩余类中的数互相同余，不在同一剩余类的数互不同余。

(2)模 m 的完全剩余系恰有 m 个整数。m 个连续的整数也是模 m 的完全剩余系。

例 3.7 设 $m=10$，对于任意整数 a，集合 $C_a = \{a+10k \mid k \in Z\}$ 是模 $m=10$ 的剩余类。

$$C_0 = \{10k+0 \mid k \in Z\} = \{\cdots -20, -10, 0, 10, 20, \cdots\}$$

$$C_9 = \{10k+9 \mid k \in Z\} = \{\cdots -11, -1, 9, 19, 29, \cdots\}$$

(1)0,1,2,3,4,5,6,7,8,9 是模 10 的一个完全剩余系。

(2)1,2,3,4,5,6,7,8,9,10 是模 10 的一个完全剩余系。

定义 3.3 设 m 是一个正整数，则 m 个整数 $r_0, r_1, \cdots, r_{m-1}, r_i \not\equiv r_j(\bmod m)(i \neq j, i, j=0, 1, \cdots, m-1)$，是模 m 的一个完全剩余系。

定义 3.4（完全剩余系遍历） 设 m 是一个正整数，$(a,m)=1$，b 是任意整数，若 x 遍历模 m 的一个完全剩余系，则 $ax+b$ 也遍历模 m 的一个完全剩余系。$aa_0+b, aa_1+b, \cdots, aa_{m-1}+b$，也是模 m 的完全剩余系。

证明：

若存在 a_i 和 $a_j(i \neq j)$，使得 $aa_i+b \equiv aa_j+b(\bmod m)$，$i \neq j$，则$m \mid a(a_i-a_j)$。因$(a,m)=1$，所以$m \mid a_i-a_j$，于是 $a_i \equiv a_j(\bmod m)$，$i \neq j$。这与 $a_0, a_1, \cdots, a_{m-1}$ 是模 m 的完全剩余系的假设矛盾。故 $ax+b$ 是模 m 的完全剩余系。

证毕。

例 3.8 设 $m=10, a=7, b=5$。当 x 遍历模 10 的完全剩余系：0,1,2,3,4,5,6,7,8,9 时，形如 $7x+5$ 的 10 个整数：5,12,19,26,33,40,47,54,61,68，也构成模 10 的完全剩余系。

定义 3.5（完全剩余系同态遍历） 若$(m_1, m_2)=1, m_1>0, m_2>0$，而 x_1, x_2 分别遍历模 m_1, m_2 的完全剩余系，则 $m_2x_1+m_1x_2$ 遍历模 m_1m_2 的完全剩余系。

证明：

因 x_1, x_2 分别遍历 m_1, m_2 个整数时，$m_2x_1+m_1x_2$ 遍历 m_1m_2 个整数。所以只需证明这 m_1m_2 个整数对模 m_1m_2 两两不同余即可。若有整数 x_1, x_2, y_1, y_2，使得

$$m_2x_1+m_1x_2 \equiv m_2y_1+m_1y_2(\bmod m_1m_2)$$

则因 $m_1 \mid m_1m_2$，所以

$$m_2x_1+m_1x_2 \equiv m_2y_1+m_1y_2(\bmod m_1)$$

所以

$$m_2x_1 \equiv m_2y_1(\bmod m_1)$$

于是 $m_1 | m_2(x_1-y_1)$,但因 $(m_1,m_2)=1$,所以 $m_1 | (x_1-y_1)$。于是 $x_1 \equiv y_1 \pmod{m_1}$,同理 $x_2 \equiv y_2 \pmod{m_2}$。故定理成立。

证毕。

3.3　简化剩余系与欧拉函数

在讨论简化剩余类之前,先给出欧拉函数的定义。欧拉函数具有自身的函数性质,也与简化剩余系相关联。

定义 3.6(欧拉函数)　设 m 是一个正整数,则 m 个整数 $0,1,2,\cdots,m-1$ 中与 m 互素的整数的个数,记作 $\varphi(m)$。通常称 $\varphi()$ 为欧拉函数。

定义 3.7(简化剩余类)　如果模 m 的剩余类里面的数与 m 互素,就把这个类叫作一个与模 m 互素的剩余类,又称简化剩余类。

定义 3.8(简化剩余系)　设 m 是一个正整数,在模 m 的所有不同简化剩余类中,从每个类任取一个数组成的整数的集合,叫作模 m 的一个简化剩余系。

例 3.9　模 $m=10$ 的剩余类 $C_0,C_1,\cdots,C_9$ 中,C_1,C_3,C_7,C_9 是模 10 的简化剩余类。(1,3,7,9)是模 10 的一个简化剩余系。

定理 3.15(简化剩余系互素性)　设 r_1,r_2 是同一模 m 剩余类的两个剩余,则

$$(r_1,m)=1 \Leftrightarrow (r_2,m)=1$$

证明:

由题设 $r_1 \equiv r_2 \pmod{m}$,于是有 $r_1=r_2+km$,因而 $(r_1,m)=(r_2,m)$。故

$$(r_1,m)=1 \Leftrightarrow (r_2,m)=1$$

证毕。

例 3.10　(1,7,11,13,17,19,23,29)是模 30 的简化剩余系。则 $\varphi(30)=8$。

例 3.11　当 $m=p$ 为素数时,$(1,2,3,\cdots,p-1)$是模 p 的简化剩余系。所以 $\varphi(p)=p-1$。

定义 3.9(欧拉函数简化剩余系)　设 m 是一个正整数,$(r_i,m)=1$,$i=1,2,3,\cdots,\varphi(m)$,且 $r_i \not\equiv r_j \pmod{m}$ $(i \neq j)$,则 $r_1,r_2,\cdots,r_{\varphi(m)}$ 是模 m 的一个简化剩余系。

定理 3.16(移位密码)　设 m 是一个正整数,$(a,m)=1$,若 x 遍历模 m 的简化剩余系,则 ax 也遍历模 m 的简化剩余系。

证明:

当 x 遍历模 m 的简化剩余系时,x 遍历 $\varphi(m)$ 个整数 $x_1,x_2,\cdots,x_{\varphi(m)}$,从而 ax 遍历 $\varphi(m)$ 个整数 $ax_1,ax_2,\cdots,ax_{\varphi(m)}$。

因

$$(a,m)=1,(x,m)=1$$

所以有 $(ax,m)=1$。

所以只需证明

$$ax_i \not\equiv ax_j \pmod{m},\ i \neq j$$

即可。

(反证法)若

$$ax_i \equiv ax_j \pmod{m}, i \neq j$$

则因$(a,m)=1$,所以

$$x_i \equiv x_j \pmod{m}, (i \neq j)$$

这与题设矛盾。故 ax 遍历模 m 的简化剩余系。

证毕。

例 3.12 设模 $m=30, a=7$,已知(1,7,11,13,17,19,23,29)是模 30 的简化剩余系,且(7,30)=1,有

$$7\times1\equiv7 \pmod{30}, 7\times7=49\equiv19 \pmod{30}$$
$$7\times11=77\equiv17 \pmod{30}, 7\times13=91\equiv1 \pmod{30}$$
$$7\times17=119\equiv29 \pmod{30}, 7\times19=133\equiv13 \pmod{30}$$
$$7\times23=161\equiv11 \pmod{30}, 7\times29=203\equiv23 \pmod{30}$$

所以 7,49,77,91,119,133,161,203 是模 30 的简化剩余系。

定理 3.17(模 m 互素有逆) 设 m 是一个正整数,$(a,m)=1$,则存在整数 $a'(1\leqslant a'<m)$,使得$aa'\equiv1 \pmod{m}$。

证明:

当 a 乘上简化剩余系的每个值时,必有一个元素 a'使得$aa'\equiv1 \pmod{m}$,因此定理3.17得证。

证毕。

例 3.13 设 $m=7$,a 表示与 m 互素的整数。则有相应的同余式

$$1\times1\equiv1 \pmod 7, 2\times4\equiv1 \pmod 7, 3\times5\equiv1 \pmod 7$$
$$4\times2\equiv1 \pmod 7, 5\times3\equiv1 \pmod 7, 6\times6\equiv1 \pmod 7$$

例 3.14 设 $m=737, a=635$,求 a 的逆。

解:

由广义欧几里得除法,可得整数 $s=-224, t=193$,使

$$(-224)\times635+193\times737=1$$

取

$$a'=513\equiv-224 \pmod{737}$$

则

$$635\cdot513\equiv1 \pmod{737}$$

定理 3.18(简化剩余系遍历) 设$(m_1,m_2)=1, m_1>0, m_2>0$,若 x_1, x_2 分别遍历m_1, m_2的简化剩余系,则 $m_2x_1+m_1x_2$ 遍历模 m_1m_2 的简化剩余系。

定理 3.19(欧拉函数的性质) 若$(m,n)=1$,则 $\varphi(mn)=\varphi(m)\varphi(n)$。

证明:

由定理 3.18 可知,当 x,y 分别遍历模 m,n 的简化剩余系时,$nx+my$ 遍历模 mn 的简化剩余系,即 $nx+my$ 遍历 $\varphi(mn)$个整数。

另一方面,x 遍历 $\varphi(m)$个整数,y 遍历 $\varphi(n)$个整数。所以 $nx+my$ 遍历 $\varphi(m)\varphi(n)$个整数。故 $\varphi(mn)=\varphi(m)\varphi(n)$。

证毕。

例3.15　$\varphi(77)=\varphi(7)\varphi(11)=6\times10=60$。

例3.16　$\varphi(30)=\varphi(2\times3\times5)=\varphi(2)\varphi(3)\varphi(5)=1\times2\times4=8$。

定理3.20(任意素数k次幂欧拉函数)　对任意素数p,$\varphi(p)=p-1$,$\varphi(p^k)=p^k-p^{k-1}$。

证明:

若n是质数p的k次幂,则

$$\varphi(n)=\varphi(p^k)=p^k-p^{k-1}=(p-1)p^{k-1}$$

因为除了p的倍数外,其他数都跟n互质。

证毕。

定理3.21(任意整数欧拉函数)　设正整数n的标准分解式为$n=p_1^{\alpha_1}p_2^{\alpha_2}\cdots p_k^{\alpha_k}$,则$\varphi(n)=n(1-\frac{1}{p_1})(1-\frac{1}{p_2})\cdots(1-\frac{1}{p_k})$。

证明:

$$\varphi(n)=\prod_{p|n}p^{\alpha_p-1}(p-1)=n\prod_{p|n}(1-\frac{1}{p})=n(1-\frac{1}{p_1})(1-\frac{1}{p_2})\cdots(1-\frac{1}{p_k})$$

证毕。

例3.17　$\varphi(72)=\varphi(2^3\times3^2)=2^{3-1}(2-1)\times3^{2-1}(3-1)=2^2\times1\times3\times2=24$。

根据定理3.21,可以利用下面的python代码来实现任意整数的欧拉函数。

```
1.defeuler(n):
2.    i, res = 2,1
3.    while n > 1:
4.        exp = 0
5.        while n % i = = 0:
6.            n /=i
7.            exp + = 1
8.        if exp > 0:
9.            res * = (i -1) * (i * * (exp -1))
10.       i + =1
11.   return res
12.
13.n =int(input("请输入正整数n:"))
14.print(euler(n))
```

输入$n=72$,运行结果如图3.1所示。

```
请输入正整数n:72
24
```

图3.1　求整数$n=72$的欧拉函数运行结果

表 3.1 给出了 100 以内的正整数的欧拉函数表，横坐标代表个位，纵坐标代表十位。

表 3.1　100 以内的正整数的欧拉函数表

$\varphi(n)$	0	1	2	3	4	5	6	7	8	9
0	0	1	1	2	2	4	2	6	4	6
1	4	10	4	12	6	8	8	16	6	18
2	8	12	10	22	8	20	12	18	12	28
3	8	30	16	20	16	24	12	36	18	24
4	16	40	12	42	20	24	22	46	16	42
5	20	32	24	52	18	40	24	36	28	58
6	16	60	30	36	32	48	20	66	32	44
7	24	70	24	72	36	40	36	60	24	78
8	32	54	40	82	24	64	42	56	40	88
9	24	72	44	60	46	72	32	96	42	60

定理 3.22（欧拉函数求和）　设 n 是一个正整数，则 $\sum\limits_{d|n}\varphi(d)=n$，其中 $\sum\limits_{d|n}$ 表示对 n 的所有正因数求和。

证明：

对 n 个整数的集合 $C=\{1,2,\cdots,n\}$ 按照与 n 的最大公因数进行分类。对于正整数 $d|n$ 记

$$C_d=\{m|1\leqslant m\leqslant n,(m,n)=d\}$$

因

$$(m,n)=d\Leftrightarrow\left(\frac{m}{d},\frac{n}{d}\right)=1$$

所以 C_d 中元素 m 的形式为

$$C_d=\left\{m=dk|1\leqslant k\leqslant\frac{n}{d},\left(k,\frac{n}{d}\right)=1\right\}$$

因此 C_d 中元素个数为 $\varphi\left(\frac{n}{d}\right)$。

因 $1,2,\cdots,n$ 中的每个数属于且仅属于一个类 C_d，所以

$$n=\sum_{d|n}\varphi\left(\frac{n}{d}\right)$$

注意到，当遍历 n 的所有正因数时，$\frac{n}{d}$ 也遍历 n 的所有正因数，故

$$n=\sum_{d|n}\varphi\left(\frac{n}{d}\right)=\sum_{d|n}\varphi(d)$$

证毕。

例 3.18　设整数 $n=50$，则 n 的正因数为 $1,2,5,10,25,50$。求其全部因子的欧拉函数的和。

解：

$$C_1=\{1,3,7,9,11,13,17,19,21,23,27,29,31,33,37,39,41,43,47,49\}$$
$$C_2=\{2,4,6,8,12,14,16,18,22,24,26,28,32,34,36,38,42,44,46,48\}$$
$$C_5=\{5,15,35,45\}$$
$$C_{10}=\{10,20,30,40\}$$
$$C_{25}=\{25\}$$
$$C_{50}=\{50\}$$

于是

$$|C_1|=\varphi\left(\frac{50}{1}\right)=\varphi(50)=20$$

$$|C_2|=\varphi\left(\frac{50}{2}\right)=\varphi(25)=20$$

$$|C_5|=\varphi\left(\frac{50}{5}\right)=\varphi(10)=4$$

$$|C_{10}|=\varphi\left(\frac{50}{10}\right)=\varphi(5)=4$$

$$|C_{25}|=\varphi\left(\frac{50}{25}\right)=\varphi(2)=1$$

$$|C_{50}|=\varphi\left(\frac{50}{50}\right)=\varphi(1)=1$$

故 $\sum_{d|50}\varphi(d)=\varphi(1)+\varphi(2)+\varphi(5)+\varphi(10)+\varphi(25)+\varphi(50)=50$。

3.4　欧拉定理、费马小定理

在实际应用中，常考虑形为 $a^k(\bmod m)$，特别是使得 $a^k(\bmod m)=1$ 的整数 k。或者说，考虑序列 $\{a^k(\bmod m)\mid k\in\mathbf{N}\}$ 及其最小周期和性质。

定理 3.23（欧拉定理）　设 m 是大于 1 的整数，$(a,m)=1$，则 $a^{\varphi(m)}\equiv1(\bmod m)$。

证明：

取 $r_1,r_2,\cdots,r_{\varphi(m)}$ 为模 m 的一个简化剩余系，则因 $(a,m)=1$，于是，$ar_1,ar_2,\cdots,ar_{\varphi(m)}$ 也是模 m 的简化剩余系，因此

$$ar_i\equiv r_j(\bmod m)$$

所以

$$(ar_1)(ar_2)\cdots(ar_{\varphi(m)})\equiv r_1r_2\cdots r_{\varphi(m)}(\bmod m)$$

即

$$a^{\varphi(m)}r_1r_2\cdots r_{\varphi(m)}\equiv r_1r_2\cdots r_{\varphi(m)}(\bmod m)$$

又因

$$(r_i,m)=1,i=1,2,\cdots,\varphi(m)$$

所以

$$(r_1r_2\cdots r_{\varphi(m)},m)=1$$

故

$$a^{\varphi(m)}\equiv 1(\bmod m)$$

证毕。

例 3.19 设 $m=7,a=2$,有$(2,7)=1,\varphi(7)=6$。取模 7 的最小非负完全剩余系 1,2,3,4,5,6,则有

$$2\times 1\equiv 2,2\times 2\equiv 4,2\times 3\equiv 6$$

$$2\times 4\equiv 1,2\times 5\equiv 4,2\times 3\equiv 6$$

$$2\times 4\equiv 1,2\times 5\equiv 3,2\times 6\equiv 5(\bmod 7)$$

于是

$$(2\times 1)\times(2\times 2)\times(2\times 3)\times(2\times 4)\times(2\times 5)\times(2\times 6)\equiv 2\times 4\times 6\times 1\times 3\times 5(\bmod 7)$$

即 $2^6\times(1\times 2\times 3\times 4\times 5\times 6)\equiv 1\times 2\times 3\times 4\times 5\times 6(\bmod 7)$,又 $2^6=64\equiv 1(\bmod m)$,所以 $2^6\equiv 1(\bmod m)$。

例 3.20 设 $m=30,a=7$,因$(7,30)=1,\varphi(30)=8$,所以 $7^8\equiv 1(\bmod 30)$。

例 3.21 设 $m=11,a=2$,因$(2,11)=1,\varphi(11)=10$,所以 $2^{10}\equiv 1(\bmod 11),2^{11}\equiv 2(\bmod 11)$。

例 3.22 设 $m=23$,若 $23\nmid a$,则$(a,23)=1,\varphi(23)=22$,所以 $a^{22}\equiv 1(\bmod p),a^{23}\equiv a(\bmod 23)$。

定理 3.24(费马小定理) 设 p 是素数,则对任何整数 a,有 $a^p\equiv a(\bmod p)$。

证明:

因 p 是素数,则对任何整数 a,有 $p\mid a$,或$(a,p)=1$。若 $p\mid a$,显然有

$$a^p\equiv a(\bmod p)$$

若$(a,p)=1$,则欧拉定理

$$a^{\varphi(p)}\equiv 1(\bmod p)$$

又

$$\varphi(p)=p-1$$

于是

$$a^{p-1}\equiv 1(\bmod p)\Rightarrow a^p\equiv a(\bmod p)$$

证毕。

定理 3.25(RSA 定理) 设 p,q 是两个不同的奇素数,$n=pq,(a,pq)=1$,如果整数 e 满足

$$1<e<\varphi(n),(e,\varphi(n))=1$$

那么存在整数 $d,1\leqslant d<\varphi(n)$,使得

$$ed\equiv 1(\bmod \varphi(n))$$

而且对于整数 $a^e\equiv c(\bmod n),1\leqslant c<n$,有

$$c^d\equiv a(\bmod n)$$

证明:

因$(e,\varphi(n))=1$,则存在整数 $d,1\leqslant d<\varphi(n)$,使得

$$ed\equiv 1(\bmod \varphi(n))$$

于是存在正整数 k,使得

$$ed = 1 + k\varphi(n)$$

因 $(a,pq) = 1$,所以 $(a,p) = 1$,由欧拉定理

$$a^{\varphi(p)} \equiv 1 \pmod p \Rightarrow a^{k\varphi(p)\varphi(q)} \equiv 1 \pmod p \Rightarrow a^{k\varphi(n)} \equiv 1 \pmod p$$

于是

$$a^{1+k\varphi(n)} \equiv a \pmod p$$

即

$$a^{ed} \equiv a \pmod p$$

同理可得

$$a^{ed} \equiv a \pmod q$$

由以上两式及模不同整数的同余可乘定理可得

$$a^{ed} \equiv a (\bmod\ [p,q])$$

于是

$$a^{ed} \equiv a \pmod n$$

因此,由

$$c \equiv a^{e} \pmod n$$

可得

$$c^{d} \equiv (a^{e})^{d} \equiv a^{ed} \equiv a \pmod n$$

证毕。

3.5 RSA 加密算法代码分析

本小节用 python 代码来实现 RSA 加密算法。首先,随机生成一个文件,将其作为明文进行加密。然后输入两个不等的素数 p 和 q,计算 $n = p \times q$,$f = (p-1)(q-1)$,其中 f 为 n 的欧拉函数值。随机生成 e,使得 $e \in (1,f)$,且 e 与 f 互质。然后求 e 关于 f 的模反元素,并进行加解密。

函数 co_prime()计算与 $(p-1)(q-1)$ 互质的数 e;函数 gcd()计算两个数的最大公约数;函数 find_d()根据 $e * d\bmod s = 1$,计算得到 d 的值。类 RSA 的初始化方法__init__()得到公钥和私钥的值,函数 creatKey()生成公钥和私钥;encrypt()进行加密;decrypt()进行解密。具体代码如下。

```
1.import random
2.
3.#生成随机文件
4.print('正在生成随机文件')
5.f = open('Plaintext.txt','w+')
```

```
6.for i in range(100000):
7.    f.write(chr(random.randint(0,25) +ord('a')))
8.print('随机文件已生成前往 Plaintext.txt 查看')
9.
10.#找出与(p-1)*(q-1)互质的数 e
11.def co_prime(s):
12.    while True:
13.        e =random.choice(range(100))
14.        x =gcd(e,s)
15.        if x= =1:#如果最大公约数为 1,则退出循环返回 e
16.            break
17.    return e
18.
19.#求两个数的最大公约数
20.def gcd(a,b):
21.    if b= =0:
22.        return a
23.    else:
24.        return gcd(b, a% b)
25.
26.#根据 e*d mod s = 1,找出 d
27.def find_d(e,s):
28.    for d in range(100000000):#随机太难找,就按顺序找到 d,range 里的随意数字
29.        x = (e*d)% s
30.        if x= =1:
31.            return d
32.
33.#RSA.py
34.class RSA():
35.    def __init__(self):
36.        self.Pk,self.Sk =self.creatKey()
37.
38.    # 生成公钥和私钥
39.    def creatKey(self):
40.        Pk = []
41.        Sk = []
42.        print("RSA 加解密部分:")
43.        p = int(input("请输入质数 p:"))
44.        q = int(input("请输入质数 q:"))
45.        n = p * q
```

```
46.         s = (p - 1) * (q - 1)
47.         e =co_prime(s)
48.         Pk.append(n)
49.         Sk.append(n)
50.         print("根据 e 和(p -1) * (q -1))互质得到: e = ", e)
51.         d =find_d(e, s)
52.         print("根据(e * d)mod ((p -1) * (q -1)) =1 得到 d = ", d)
53.         print("公钥: n = ", n, "e = ", e)
54.         print("私钥: n = ", n, "d = ", d)
55.         Pk.append(e)
56.         Sk.append(d)
57.         return Pk, Sk
58.
59.     def encrypt(self,data):
60.         return chr((data * * self.Pk[1])% self.Pk[0])
61.
62.     def decrypt(self,data):
63.         return chr((data * * self.Sk[1])% self.Sk[0])
64.
65.rsa = RSA()
66.print('开始加密')
67.with open('Plaintext.txt','r',encoding = 'utf -8')as f:
68.     with open('encode.txt','w +',encoding = 'utf -8')as f1:
69.         while True:
70.             data = f.read(1)
71.             if data! ='':
72.                 data = rsa.encrypt(ord(data))
73.                 f1.write(data)
74.             else:
75.                 break
76.         f1.close()
77.     f.close()
78.print('加密完成前往 encode.txt 查看结果')
79.
80.print('开始解密')
81.with open('encode.txt','r',encoding = 'utf -8')as f:
82.     with open('decode.txt','w +',encoding = 'utf -8')as f1:
83.         while True:
84.             data = f.read(1)
85.             if data! ='':
```

```
86.            data = rsa.decrypt(ord(data))
87.            f1.write(data)
88.        else:
89.            break
90.print('解密完成前往 decode.txt 查看结果')
```

执行上述代码，可以得到如图 3.2 所示的结果，其中输入的两个素数分别为 19 和 17。

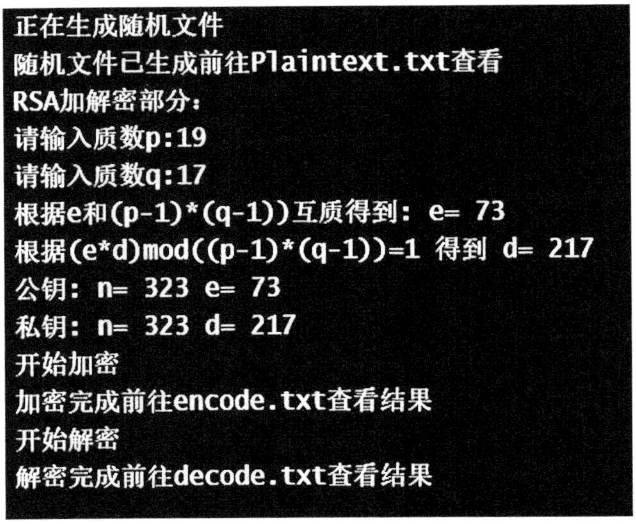

```
正在生成随机文件
随机文件已生成前往Plaintext.txt查看
RSA加解密部分:
请输入质数p:19
请输入质数q:17
根据e和(p-1)*(q-1))互质得到: e= 73
根据(e*d)mod((p-1)*(q-1))=1 得到 d= 217
公钥: n= 323 e= 73
私钥: n= 323 d= 217
开始加密
加密完成前往encode.txt查看结果
开始解密
解密完成前往decode.txt查看结果
```

图 3.2　RSA 加密算法运行结果

习　　题

1. 写出以下完全剩余系：

(1) 写出模 9 的一个完全剩余系，它的每个数是奇数；

(2) 写出模 9 的一个完全剩余系，它的每个数是偶数；

(3) (1) 和 (2) 中的要求对模 10 的完全剩余系能实现吗？

2. 证明：当 $m>2$ 时，$0^2, 1^2, \cdots, (m-1)^2$ 一定不是模 m 的完全剩余系。

3. 计算以下剩余类之和：

(1) 把剩余类 $1 \pmod 5$ 写成模 15 的剩余类之和；

(2) 把剩余类 $6 \pmod{10}$ 写成模 120 的剩余类之和；

(3) 把剩余类 $6 \pmod{10}$ 写成模 80 的剩余类之和。

4. 2003 年 5 月 9 日是星期五，问第 $2^{20\,080\,509}$ 天是星期几？

5. 设 p 是素数。证明：如果 $a^2 \equiv b^2 \pmod p$，则 $p \mid a-b$ 或 $p \mid a+b$。

6. 设整数 $a, b, c\,(c>0)$，满足 $ab \pmod c$。证明：$(a,c)=(b,c)$。

7. 计算：

(1)$2^{32} \pmod{47}$；

(2)$2^{47} \pmod{47}$；

(3)$2^{200} \pmod{47}$。

8. 下列哪些整数能被 3 整除,其中又有哪些能被 9 整除?

(1)1 843 581；

(2)184 234 081；

(3)8 937 752 744；

(4)4 153 768 912 246。

9. 计算:$2^{20\,040\,118} \pmod 7$。

10. 计算:$3^{1\,000\,000} \pmod 7$。

第4章 同余式及中国剩余定理

同余理论常被用于数论中，同时，同余理论在密码学和编码学中也有着十分重要的作用。RSA公钥密码算法就是建立在同余理论上的。本章主要介绍同余理论中的基本概念、性质，重点介绍了一次同余式和中国剩余定理。本章也具体实现了一个相对古老的基于同余式的密码系统——维吉尼亚密码。

4.1 基本概念及一次同余式

定义4.1(同余式) 设 m 是一个正整数，$f(x)$ 为多项式

$$f(x)=a_nx^n+a_{n-1}x^{n-1}+\cdots+a_1x+a_0$$

其中 a_i 是整数，则

$$f(x)\equiv 0(\bmod m)$$

叫作模 m 的同余式。若 $a_n\not\equiv 0(\bmod m)$，则 n 叫作 $f(x)$ 的次数，记为 $\deg f$，式 $f(x)=0(\bmod m)$ 又叫作模 m 的 n 次同余式。

注 ·如果整数 a 使得 $f(a)\equiv 0(\bmod m)$ 成立，则 $x\equiv a(\bmod m)$ 叫作同余式的一个解。

·把适合同余式而对模 m 相互同余的一切整数算作同余式的一个解。

·在模 m 的完全剩余系中，使得同余式成立的剩余个数叫作同余的解数。

例4.1 $x^5+x+1\equiv 0(\bmod 7)$ 是首项系数为1的模7同余式。

解：

因 $2^5+2+1\equiv 0(\bmod 7)$，所以 $x\equiv 2(\bmod 7)$ 是该同余式的解。

另外在模7的完全剩余系中，$x\equiv 4(\bmod 7)$ 也是同余式的解，故同余式解数是2。

定理4.1(一次同余式的解) 一次同余式

$$ax\equiv b(\bmod m),a\not\equiv 0(\bmod m) \tag{4.1}$$

有解等价于 $(a,m)\mid b$，且当同余式有解时，其解数为 $d=(a,m)$。

证明：

(1)先证明解的等价性

设同余式有解，则存在 $x\equiv x_0(\bmod m)$，使得

$$ax_0\equiv b(\bmod m)$$

即存在整数 y_0，使得

$$ax_0-my_0=b$$

因

$$(a,m)\mid a,(a,m)\mid m$$

所以

$$(a,m)\mid ax_0-my_0$$

即$(a,m)\mid b$得证。

(2)证明解的个数

设$(a,m)\mid b$,则$\frac{b}{(a,m)}$为整数。考虑以下同余式

$$\frac{a}{(a,m)}x\equiv 1\left(\bmod \frac{m}{(a,m)}\right)$$

因

$$\left(\frac{a}{(a,m)},\frac{m}{(a,m)}\right)=1$$

于是存在整数(唯一解)

$$x_0\left(1\leqslant x_0<\frac{m}{(a,m)}\right)$$

使得

$$\frac{a}{(a,m)}x_0\equiv 1\left(\bmod \frac{m}{(a,m)}\right)$$

从而有

$$ax_0\equiv (a,m)\pmod m$$

于是

$$ax_0\frac{b}{(a,m)}\equiv (a,m)\frac{b}{(a,m)}\pmod m$$

即

$$ax_0\frac{b}{(a,m)}\equiv b\pmod m$$

故$x\equiv x_0\frac{b}{(a,m)}\pmod m$是同余式(4.1)的解(一个特解)。

设$d=(a,m)$,若同余式(4.1)有解$x\equiv x_1\pmod m$,则适合同余式的一切整数都可以表示成

$$x=m_1t+x_1,m_1=\frac{m}{d},t=0,\pm 1,\pm 2,\cdots$$

证毕。

下面通过例子来进一步了解定理4.1。

例 4.2　通过$13x\equiv 5\pmod{26}$,$3x\equiv 5\pmod{17}$,$2x\equiv 6\pmod{18}$,分别说明定理4.1无解、一个解和多个解的情况。

解:

(1)对于$13x\equiv 5\pmod{26}$,因为$(13,26)\mid 5$无解,由定理4.1可知$13x\equiv 5\pmod{26}$无解。

(2)对于$3x\equiv 5\pmod{17}$,因为$(3,17)\mid 17$有解,由定理4.1可知$3x\equiv 5\pmod{17}$的解数$d=(3,17)=1$。

(3)对于$2x\equiv 6\pmod{18}$,因为$(2,18)\mid 6$有解,由定理4.1可知$2x\equiv 6\pmod{18}$的解数

$d=(2,18)=2$。

例 4.3 求解 $ax \equiv b(\bmod m)$ 的基本步骤。

解:

(1)用广义欧几里得除法求出同余式

$$\frac{a}{(a,m)}x \equiv 1\left(\bmod \frac{m}{(a,m)}\right)$$

的唯一解

$$x \equiv x_0\left(\bmod \frac{m}{(a,m)}\right), 1 \leqslant x_0 < \frac{m}{(a,m)}$$

(2)写出同余式 $ax \equiv b(\bmod m)$ 的一个特解。

$$x \equiv x_0 \frac{b}{(a,m)}(\bmod m)$$

(3)写出同余式

$$ax \equiv b(\bmod m)$$

的全部解(完全剩余系)

$$x \equiv x_0 \frac{b}{(a,m)} + t\frac{m}{(a,m)}(\bmod m), t=0,1,\cdots,(a,m)-1$$

定理 4.2(一次同余式唯一解) 设 m 是一个正整数,$(a,m)=1$,则一次同余式 $ax \equiv 1(\bmod m)$ 有唯一解 $x \equiv a'(\bmod m)$。

定义 4.2 设 m 是一个正整数,a 是一个整数。如果存在整数 a' 使得

$$a \cdot a' \equiv 1(\bmod m)$$

成立,则 a 叫作模 m 可逆元。此时,a' 叫作 a 的模 m 逆元,记作 $a'=a^{-1}(\bmod m)$。

于是同余式 $ax=b(\bmod m)$ 的求解可按照如下描述。

定理 4.3(一次同余式全部解) 设 m 是一个正整数,a 是满足 $(a,m)\mid b$ 的整数,则一次同余式 $ax \equiv b(\bmod m)$ 的全部解为

$$x \equiv \frac{b}{(a,m)}\left\{\left(\frac{a}{(a,m)}\right)^{-1}\left(\bmod\left(\frac{m}{(a,m)}\right)\right)\right\} + t\frac{m}{(a,m)}(\bmod m), t=0,1,\cdots,(a,m)-1$$

定理 4.4 设 m 是一个正整数,则整数 a 是模 m 简化剩余的充要条件是整数 a 是模 m 逆元。

证明:

(必要性)如果整数 a 是模 m 简化剩余,则 $(a,m)=1$。于是存在整数 a',使得

$$aa' \equiv 1(\bmod m)$$

故 a 是模 m 逆元。

(充分性)如果 a 是模 m 逆元,则存在整数 a',使得

$$aa' \equiv 1(\bmod m)$$

即同余式 $ax \equiv 1(\bmod m)$ 有解 $x \equiv a'(\bmod m)$。

于是 $(a,m)\mid 1$,从而 $(a,m)=1$,即整数 a 是模 m 简化剩余。

证毕。

4.2　中国剩余定理

在研究了一次同余式后，现在来考虑一次同余式组。中国剩余定理又称孙子定理，最早见于公元四、五世纪我国南北朝的一部经典数学著作《孙子算经》中的“物不知数”问题：今有物不知其数，三三数之剩二，五五数之剩三，七七数之剩二，问物几何？

简单直接地列举，设物体数量为 x，根据“三三数之剩二”得 $x=3k+2$，即 $x=2,5,8,11,14,17,20,23,\cdots$；其中，$x=8,23,38,\cdots$ 满足“五五数之剩三”的条件；进一步 $x=23,128,\cdots$ 满足“七七数之剩二”的要求。即 $x=23+105k,k=1,2,3,\cdots$为所求。

定义 4.3(一次同余式组)　由若干个一次同余式构成的同余式组

$$\begin{cases} a_1x\equiv b_1(\bmod m_1) \\ a_2x\equiv b_2(\bmod m_2) \\ \cdots\cdots \\ a_nx\equiv b_n(\bmod m_n) \end{cases} \tag{4.2}$$

称为一次同余式组。

因此，上述的“物不知数”问题用同余式组表示就是

$$\begin{cases} x\equiv 2(\bmod 3) \\ x\equiv 3(\bmod 5) \\ \cdots\cdots \\ x\equiv 2(\bmod 7) \end{cases} \tag{4.3}$$

如果存在 $x_0\in\mathbf{Z}$，使得 $a_ix_0\equiv b_i(\bmod m_i)(i=1,\cdots,k)$，则 $x\equiv x_0(\bmod [m_1,m_2,\cdots,m_n])$ 为同余式组的一个解。

定理 4.5(中国剩余定理)　设$[m_1,m_2,\cdots,m_k]$是 k 个两两互素的正整数，则对任意的整数$[b_1,b_2,\cdots,b_k]$，同余式组

$$\begin{cases} x\equiv b_1(\bmod m_1) \\ x\equiv b_2(\bmod m_2) \\ \cdots\cdots \\ x\equiv b_k(\bmod m_k) \end{cases}$$

有唯一解。其解可表示为

$$x\equiv M_1'M_1b_1+M_2'M_2b_2+\cdots+M_k'M_kb_k(\bmod m)$$

其中

$$m=m_1m_2\cdots m_k\ ,m=m_iM_i,M_i'M_i\equiv 1(\bmod m_i),i=1,2,\cdots,k$$

证明：

(解的存在性)对给定的 $i,1\leqslant i\leqslant k$，由$(m_i,m_j)=1,i\neq j$，可得$(m_i,M_i)=1$。于是存在整数 M_i'，使得

$$M_i'M_i\equiv 1(\bmod m_i),i=1,2,\cdots,k$$

考虑同余式

$$x \equiv M_1'M_1b_1 + M_2'M_2b_2 + \cdots + M_k'M_kb_k \pmod m$$

则因 $m = m_iM_i$,于是

$$x \equiv M_1'M_1b_1 + \cdots + M_i'M_ib_i + \cdots + M_k'M_kb_k \pmod{m_i}$$

又因

$$m_i \mid M_j, 1 \leqslant j \leqslant k, j \neq i$$

所以

$$M_j'M_jb_j \equiv 0 \pmod{m_i}, 1 \leqslant j \leqslant k, j \neq i$$

从而

$$x \equiv M_i'M_ib_i \equiv b_i \pmod{m_i}, i = 1, 2, \cdots, k$$

故

$$x \equiv M_1'M_1b_1 + M_2'M_2b_2 + \cdots + M_k'M_kb_k \pmod m$$

是同余式(4.3)的解。

(解的唯一性)若 x, x' 都是同余式的解,则

$$x \equiv b_i \equiv x' \pmod{m_i}, i = 1, 2, \cdots, k$$

因

$$(m_i, m_j) = 1, i \neq j$$

于是

$$x \equiv x' \pmod{m_1m_2\cdots m_k}$$

即

$$x \equiv x' \pmod m$$

证毕。

其解法可列表表示,详见表 4.1。

表 4.1　同余式的一般解法

除数	余数	最小公倍数	衍数	乘率	各总	答数
m_1	b_1	$m = m_1 \cdots m_k$	M_1	M_1'	$M_1M_1'b_1$	$x \equiv \sum_{i=1}^{k} M_iM'_ib_i \pmod m$
m_2	b_2	$m = m_1 \cdots m_k$	M_2	M_2'	$M_2M_2'b_2$	$x \equiv \sum_{i=1}^{k} M_iM'_ib_i \pmod m$
…	…	…	…	…	…	…
m_k	b_k	$m = m_1 \cdots m_k$	M_k	M_k'	$M_kM_k'b_k$	$x \equiv \sum_{i=1}^{k} M_iM'_ib_i \pmod m$

· 衍数 $M_i = \dfrac{m_1m_2\cdots m_k}{m_i}$;

· 除数 m_i 即为模;

· 乘率 M_i' 是使 $M_iM_i' \equiv 1(\bmod m_i)$ 成立的数。

根据定理 4.5，可以解“物不知数”问题，也就是解一次方程组 4.2。

解：

列表格，见表 4.2。

表 4.2　同余式的解法

除数	余数	最小公倍数	衍数	乘率	各总	答数
3	2	3 · 5 · 7	5 · 7	2	35 · 2 · 2	$x \equiv 23(\bmod 105)$
5	3	3 · 5 · 7	7 · 3	1	21 · 1 · 3	$x \equiv 23(\bmod 105)$
7	2	3 · 5 · 7	3 · 5	1	15 · 1 · 2	$x \equiv 23(\bmod 105)$

· 除数：$m_1 = 3, m_2 = 5, m_3 = 7$；

· 余数：$b_1 = 2, b_2 = 3, b_3 = 2$；

· 最小公倍数：$m = m_1m_2m_3 = 105$；

· 衍数：$M_1 = m_2m_3 = 35, M_2 = m_1m_3 = 21, M_3 = m_1m_2 = 15$；

· 乘率：$M_1' = 2, M_2' = 1, M_3' = 1$（满足 $M_iM_i' \equiv 1(\bmod m_i)$ 的 M_i'）；

· 答数：$x \equiv M_1'M_1b_1 + M_2'M_2b_2 + M_3'M_3b_3(\bmod m) \equiv 2 * 35 * 2 + 1 * 21 * 3 + 1 * 15 * 2 (\bmod 105) = 23$。

故可得最小答数为 23。

例 4.4　求解同余式

$$\begin{cases} x \equiv b_1(\bmod 5) \\ x \equiv b_2(\bmod 6) \\ x \equiv b_3(\bmod 7) \\ x \equiv b_4(\bmod 11) \end{cases}$$

解：

令 $m = 5 \cdot 6 \cdot 7 \cdot 11 = 2\ 310$

$$M_1 = 6 \cdot 7 \cdot 11 = 462, M_2 = 5 \cdot 7 \cdot 11 = 385$$

$$M_3 = 5 \cdot 7 \cdot 11 = 330, M_4 = 5 \cdot 6 \cdot 7 = 210$$

分别解同余式

$$462M_1' \equiv 1(\bmod 5) \Rightarrow M_1' \Rightarrow 3$$

$$385M_2' \equiv 1(\bmod 6) \Rightarrow M_2' \Rightarrow 1$$

$$330M_3' \equiv 1(\bmod 7) \Rightarrow M_3' \Rightarrow 1$$

$$210M_4' \equiv 1(\bmod 11) \Rightarrow M_4' \Rightarrow 1$$

故原同余式组的解为

$$\begin{aligned} x &\equiv 3 \cdot 462 \cdot b_1 + 1 \cdot 385 \cdot b_2 + 1 \cdot 330 \cdot b_3 + 1 \cdot 210 \cdot b_4 \\ &\equiv 1\ 386b_1 + 385b_2 + 330b_3 + 210b_4(\bmod 2\ 310) \end{aligned}$$

例 4.5　韩信点兵：有兵一队，若列成五行纵队，则末行一人；若列成六行纵队，则末行五人；若列成七行纵队，则末行四人；若列成十一行纵队，则末行十人，求兵数。

解：

（解法一）“韩信点兵”问题可转化为同余式组：

$$\begin{cases} x \equiv 1 \pmod 5 \\ x \equiv 5 \pmod 6 \\ x \equiv 4 \pmod 7 \\ x \equiv 10 \pmod{11} \end{cases} \tag{4.4}$$

这里 $b_1=1, b_2=5, b_3=4, b_4=10$，同余式的解为

$$\begin{aligned} x &\equiv 1\,368 \cdot 1 + 385 \cdot 5 + 330 \cdot 4 + 210 \cdot 10 \pmod{2\,310} \\ &\equiv 6\,731 \pmod{2\,310} \\ &\equiv 2\,111 \pmod{2\,310} \end{aligned}$$

（解法二）因第一个同余式有解 $x \equiv 1 \pmod 5$，于是可将同余式组的解表示为 $x=1+5y$（y 待定），代入第二个同余式，得

$$1+5y \equiv 5 \pmod 6$$

即

$$5y \equiv 4 \pmod 6$$

此同余式的解为

$$y \equiv 2 \pmod 6$$

于是同余式组(4.4)的解为

$$x = 1+5 \cdot 2 \equiv 11 \pmod{30}$$

将它表示为 $x=11+30y$（y 待定），代入第三个方程，得

$$11+30y \equiv 4 \pmod 7 \Rightarrow 30y \equiv -7 \equiv 0 \pmod 7$$

解得

$$y \equiv 0 \pmod 7$$

于是同余式组(4.4)的解为

$$x = 11+30 \cdot 0 \equiv 11 \pmod{210}$$

将它表示为 $x=11+210y$（y 待定），代入第四个方程，得

$$11+210y \equiv 10 \pmod{11}$$

即

$$210y \equiv -1 \equiv 10 \pmod{11} \Rightarrow 21y \equiv 1 \pmod{11}$$

解得

$$y \equiv 10 \pmod{11}$$

于是同余式组(4.4)的解为

$$x = 11+210 \cdot 10 \equiv 2\,111 \pmod{2\,310}$$

两种不同解法本质一样，运算量也差不多。

4.3　维吉尼亚密码

在这一小节中，利用 python 来实现维吉尼亚密码。这个密码系统可以看作是一个简单的基于一次同余式的密码系统。选择一个单字或是短词组并去除所有的空格和重复的字母，接着把它当作密码字母集的开头。然后记得去除关键字的字母，把其他字母接续排序。例如，如果关键字是 CIPHER，则密码字母表写法如下：

· 一般字母：

abcdefghijklmnopqrstuvwxyz

· 密码字母：

cipherstuvwxyzabdfgjklmnoq

仿射密码是一种替换密码。它是一个字母对一个字母的。它的加密函数是

$$e(x) = ax + b \pmod m$$

其中 a 和 m 互质，m 代表字母的数量。

而仿射密码的解密函数是

$$d(x) = a^{-1}(x - b) \pmod m$$

其中 a^{-1} 是 a 在 Z_m 群的乘法逆元。

仿射密码为单表加密的一种，字母系统中所有字母都使用简单数学方程加密，对应至数值，或转回字母。它有所有替代密码的缺点，即所有字母皆由方程

$$(ax + b) \pmod{26}$$

加密，b 为移动大小。

维吉尼亚密码（又译为维热纳尔密码）是使用一系列恺撒密码组成密码字母表的加密算法，属于多表密码的一种简单形式。该方法最早记录在吉奥万巴蒂斯塔贝拉索（Giovan Battista Bellaso）于 1553 年所著的书《吉奥万巴蒂斯塔贝拉索先生的密码》中。然而，后来在 19 世纪时被误传为由法国外交官布莱斯德维吉尼亚所创造，因此现在被称为“维吉尼亚密码”。

在一个恺撒密码中，字母表中的每一字母都会做一定的偏移，例如偏移量为 3 时，A 就转换为了 D，B 转换为了 E，以此类推。而维吉尼亚密码则是由一些偏移量不同的恺撒密码组成。为了生成密码，需要使用表格法。这一表格包括 26 行字母表，每一行都由前一行向左偏移一位得到。具体使用哪一行字母表进行编译是基于密钥进行的，在过程中会不断地变换。例如，假设明文为

ATTACKATDAWN

选择某一关键词并重复而得到密钥，如关键词为 LEMON 时，密钥为

LEMONLEMONLE

对于明文的第一个字母 A，对应密钥的第一个字母 L，于是使用表格中 L 行字母表进行加密，得到密文第一个字母 L。

明文第二个字母为 T，在表格中使用对应的 E 行进行加密，得到密文第二个字母 X。

明文第三个字母为 T,在表格中使用对应的 M 行进行加密,得到密文第三个字母 F。

……

因此,可以得到完整的密钥,如下所示:

明文:

ATTACKATDAWN

密钥:

LEMONLEMONLE

密文:

LXFOPVEFRNHR

解密的过程则与加密过程相反。例如,根据密钥第一个字母 L 所对应的 L 行字母表,发现密文第一个字母 L 位于 T 列,因而明文第一个字母为 A。

密钥第二个字母 E 对应 E 行字母表,而密文第二个字母 X 位于此行 T 列,因而明文第二个字母为 T。以此类推便可得到明文。

下面代码演示了维吉尼亚密码的加解密过程。函数 encrypt()进行加密;函数 decrypt()进行解密;主函数根据用户输入的明文消息和秘钥进行加解密。

```
1.# - * - coding:utf - 8
2.#Vigenere Cipher
3.
4.alphabets = "abcdefghijklmnopqrstuvwxyz"
5.yourChoose = 1
6.#定义加密函数
7.def encrypt(p, k):
8.    c = ""
9.    kpos = [] # 返回字符索引,例如:如果 k = 'd',那么 kpos = 3
10.    for x in k:
11.        kpos.append(alphabets.find(x))
12.    i = 0
13.    for x in p:
14.        if i = = len(kpos):
15.            i = 0
16.        pos = alphabets.find(x) + kpos[i] # 查找字符的编号或索引,并使用键执行
移位
17.        # print(pos)
18.        if pos > 25:
19.            pos = pos - 26
20.        c + = alphabets[pos].capitalize()
21.        i + =1
22.    return c
23.
```

```
24.#定义解密函数
25.def decrypt(c, k):
26.    p = ""
27.    kpos = []
28.    for x in k:
29.        kpos.append(alphabets.find(x))
30.    i = 0
31.    for x in c:
32.        if i == len(kpos):
33.            i = 0
34.        pos = alphabets.find(x.lower()) - kpos[i]
35.        if pos < 0:
36.            pos = pos + 26
37.        p += alphabets[pos].lower()
38.        i +=1
39.    return p
40.try:
41.    while yourChoose == 1:
42.        print("====================维吉尼亚密码=================\n"
43.            "*注:文本消息应该只包含字符,键应该是一个字符单词 \n"
44.            "==按 1 是加密一条消息 \n==按 2 是解密一条消息 \n==按 -1 退出")
45.        choose = input("+++选择: ")
46.        if choose == '1':
47.            yourChoose = 1
48.            p = input("输入明文消息: ")
49.            p =p.replace(" ", "")
50.            if p.isalpha():
51.                k = input("输入密钥: ")
52.                k =k.strip()
53.                if k.isalpha():
54.                    c =encrypt(p, k)
55.                    print("对应的密文为 ", c)
56.
57.                else:
58.                    print(k)
59.                    print("输入有效密钥,密钥只有一个字符单词!")
60.            else:
61.                print("只允许英文!!")
62.
```

```
63.         elif choose == '2':
64.             yourChoose = 1
65.             c = input("输入密文消息:")
66.             c =c.replace(" ", "")
67.             if c.isalpha():
68.                 k = input("输入密钥: ")
69.                 if not k.isalpha():
70.                     print("输入有效密钥,密钥只有一个字符单词!")
71.                 else:
72.                     p =decrypt(c, k)
73.                     print("对应的明文为: ", p)
74.             else:
75.                 print("只允许英文!!")
76.         elif choose == '-1':
77.             break
78.         else:
79.             print("请输入一个有效的选择(1 或 2)")
80.except Exception as e:
81.     print(e)
82.     exit("请输入有效文本! ")
```

执行上述代码,可以得到如图 4.1 所示的结果。其中,输入的明文消息为 thisisatest,秘钥为 test。

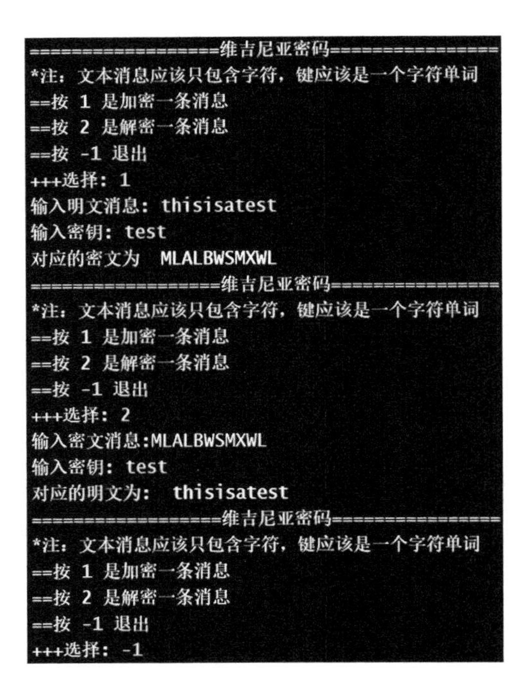

图 4.1　维吉尼亚密码的加解密运行结果

习　　题

1. 求出下列一次同余方程的所有解：

(1) $3x\equiv 2 \pmod 7$

(2) $6x\equiv 6 \pmod 9$

(3) $17x\equiv 14 \pmod{21}$

(4) $15x\equiv 9 \pmod{25}$

2. 求出下列一次同余方程的所有解：

(1) $127x\equiv 833 \pmod{1\ 012}$

(2) $987x\equiv 610 \pmod{2\ 668}$

3. 设 p 是素数，k 是正整数。证明：同余式 $x^2\equiv 1 \pmod{p^k}$ 正好有两个不同余的解，即 $x\equiv \pm 1 \pmod{p^k}$。

4. 运用 Euler 定理求解下列一次同余方程：

(1) $5x\equiv 3 \pmod{14}$

(2) $4x\equiv 7 \pmod{15}$

(3) $3x\equiv 5 \pmod{16}$

5. 求 11 的倍数，使得该数被 2,3,5,7 除的余数为 1。

6. 证明：如果 a,b,c 是整数，$(a,b)=1$，那么就存在整数 n 使得 $(a\cdot n+b,c)=1$。

7. 求解同余式组 $\begin{cases} x\equiv b_1 \pmod 5 \\ x\equiv b_2 \pmod 6 \\ x\equiv b_3 \pmod 7 \\ x\equiv b_4 \pmod{11} \end{cases}$

8. 求下列一次同余方程组的解：

(1) $\begin{cases} x+2y\equiv 1 \pmod 7 \\ 2x+y\equiv 2 \pmod 7 \end{cases}$

(2) $\begin{cases} x+3y\equiv 1 \pmod 7 \\ 3x+4y\equiv 2 \pmod 7 \end{cases}$

9. 计算 $312^{13} \pmod{667}$

10. 计算 $2^{1\ 000\ 000} \pmod{1\ 309}$

第5章　一般同余式

本章进一步了解二次同余式以及一般同余式的相关知识，主要介绍二次同余式的基本概念以及模为奇素数的平方剩余与平方非剩余，然后解析 Rabin 公钥密钥的编码实现，最后将讲解一般同余式的基本知识及解析 DSA 签名算法的 python 实现。

5.1　二次同余式

二次同余式的一般形式是

$$ax^2+bx+c\equiv 0(\bmod m) \tag{5.1}$$

其中 $a\not\equiv 0(\bmod m)$。

因为正整数 m 有素因数分解式 $m=p_1^{\alpha_1}\cdots p_k^{\alpha_k}$，由后续的定理 5.4 可知，所以二次同余式 5.1 等价于同余式组

$$\begin{cases} ax^2+bx+c\equiv 0(\bmod p_1^{\alpha_1}) \\ \cdots\cdots \\ ax^2+bx+c\equiv 0(\bmod p_1^{\alpha_k}) \end{cases} \tag{5.2}$$

故只需讨论模为 p^α 同余式

$$ax^2+bx+c\equiv 0(\bmod p^\alpha),p\nmid a$$

将两端同乘 $4a$，得到

$$4a^2x^2+4abx+4ac\equiv 0(\bmod p^\alpha)$$

或

$$(2ax+b)^2\equiv b^2-4ac(\bmod p^\alpha)$$

令 $y=2ax+b$，有

$$y^2\equiv b^2-4ac(\bmod p^\alpha)$$

特别地，当 p 是奇素数时，$(2a,p)=1$，上述同余式等价于同余式 $ax^2+bx+c\equiv 0(\bmod p^\alpha),p\nmid a$。

定义 5.1(二次剩余)　若同余式

$$x^2\equiv a(\bmod m),(a,m)=1$$

有解，则 a 叫作模 m 的平方剩余(或二次剩余)；否则，a 叫作模 m 的平方非剩余(或二次非剩余)。

例 5.1　1 是模 4 的平方剩余，-1 是模 4 的平方非剩余。

例 5.2　1,2,4 是模 7 的平方剩余，-1,3,5 是模 7 的平方非剩余。

解:

因为 $1^2 \equiv 1, 2^2 \equiv 4, 3^2 \equiv 2, 4^2 \equiv 2, 5^2 \equiv 4, 6^2 \equiv 1 \pmod 7$。

例 5.3　$-1,1,2,4,8,9,13,15$ 是模 17 的平方剩余;$3,5,6,7,10,11,12,14$ 是模 17 的平方非剩余。

解:

因为在模 17 的情况下:

$$1^2 \equiv 16^2 \equiv 1$$
$$2^2 \equiv 15^2 \equiv 4$$
$$3^2 \equiv 14^2 \equiv 9$$
$$4^2 \equiv 13^2 \equiv 16 \equiv -1$$
$$5^2 \equiv 12^2 \equiv 8$$
$$6^2 \equiv 11^2 \equiv 2$$
$$7^2 \equiv 10^2 \equiv 15$$
$$8^2 \equiv 9^2 \equiv 13 \pmod{17}$$

所以 $-1,1,2,4,8,9,13,15$ 是模 17 的平方剩余;$3,5,6,7,10,11,12,14$ 是模 17 的平方非剩余。

例 5.4　求满足方程 $E: y^2 = x^3 + x + 1 \pmod 7$ 的所有点 (x, y)。

解:

对 $x = 0,1,2,3,4,5,6$,分别求出 y。

$$x = 0, y^2 = 1 \pmod 7, y = 1, 6 \pmod 7$$
$$x = 1, y^2 = 3 \pmod 7, \text{无解}$$
$$x = 2, y^2 = 4 \pmod 7, y = 2, 5 \pmod 7$$
$$x = 3, y^2 = 3 \pmod 7, \text{无解}$$
$$x = 4, y^2 = 6 \pmod 7, \text{无解}$$
$$x = 5, y^2 = 5 \pmod 7, \text{无解}$$
$$x = 6, y^2 = 6 \pmod 7, \text{无解}$$

共有 4 个点。

例 5.5　求满足方程 $E: y^2 = x^3 + x + 2 \pmod 7$ 的所有点 (x, y)。

解:

对 $x = 0,1,2,3,4,5,6$,分别求出 y。

$$x = 0, y^2 = 2 \pmod 7, y = 3, 4 \pmod 7$$
$$x = 1, y^2 = 4 \pmod 7, y = 2, 5 \pmod 7$$
$$x = 2, y^2 = 5 \pmod 7, \text{无解}$$
$$x = 3, y^2 = 4 \pmod 7, y = 2, 5 \pmod 7$$
$$x = 4, y^2 = 0 \pmod 7, y = 0 \pmod 7$$
$$x = 5, y^2 = 6 \pmod 7, \text{无解}$$
$$x = 6, y^2 = 0 \pmod 7, y = 0 \pmod 7$$

共有 8 个点。

例 5.6　求解同余式 $x^2 \equiv 46 \pmod{105}$。

解：

因为 $105=3\cdot 5\cdot 7$，原同余式等价于同余式组：

$$\begin{cases} x^2 \equiv 46 \equiv 1 \pmod 3 \\ x^2 \equiv 46 \equiv 1 \pmod 5 \\ x^2 \equiv 46 \equiv 4 \pmod 7 \end{cases}$$

分别求出三个同余式的解为

$$x = x_1 \equiv \pm 1 \pmod 3$$

$$x = x_2 \equiv \pm 1 \pmod 5$$

$$x = x_1 \equiv \pm 2 \pmod 7$$

由中国剩余定理即得解为

$$x = 1\cdot 70 + 1\cdot 21 + 2\cdot 15 = 121 \equiv 16 \pmod{105}$$

$$x = 1\cdot 70 + 1\cdot 21 + (-2)\cdot 15 = 61 \equiv 61 \pmod{105}$$

$$x = 1\cdot 70 + (-1)\cdot 21 + 2\cdot 15 = 79 \equiv 79 \pmod{105}$$

$$x = 1\cdot 70 + (-1)\cdot 21 + (-2)\cdot 15 = 19 \equiv 19 \pmod{105}$$

$$x = (-1)\cdot 70 + 1\cdot 21 + 2\cdot 15 = (-19) \equiv 86 \pmod{105}$$

$$x = (-1)\cdot 70 + 1\cdot 21 + (-2)\cdot 15 = (-79) \equiv 26 \pmod{105}$$

$$x = (-1)\cdot 70 + (-1)\cdot 21 + 2\cdot 15 = (-62) \equiv 44 \pmod{105}$$

$$x = (-1)\cdot 70 + (-1)\cdot 21 + (-2)\cdot 15 = (-121) \equiv 89 \pmod{105}$$

5.2 模为奇素数的平方剩余与平方非剩余

讨论模为素数 p 的二次同余式

$$x^2 \equiv a \pmod p, (a,p)=1$$

先考虑模 p 的二次同余式有解的判别条件。

定理 5.1（欧拉判别条件） 设 p 是奇素数，$(a,p)=1$。则

(1) a 是模 p 的平方剩余的充分必要条件是

$$a^{(p-1)/2} \equiv 1 \pmod p$$

(2) a 是模 p 的平方非剩余的充分必要条件是

$$a^{(p-1)/2} \equiv -1 \pmod p$$

并且当 a 是模 p 的平方剩余时，同余式 $x^2 \equiv a \pmod p$ 恰有二解。

证明：

(1) 因为 p 是奇素数，所以有表达式 $x^p - x = x\cdot q(x)\cdot(x^2-a) + (a^{\frac{p-1}{2}}-1)x$，其中 $q(x)$ 是 x 的整系数多项式。若 a 是模 p 的平方剩余，即

$$x^2 \equiv a \pmod p$$

有两个解 x，则余式的系数被 p 整除，即

$$p \mid a^{\frac{p-1}{2}} - 1$$

所以 $a^{(p-1)/2}\equiv 1(\bmod p)$成立。

反过来,若 $a^{(p-1)/2}\equiv 1(\bmod p)$成立,则同余式

$$x^2\equiv a(\bmod p)$$

有解,即 a 是模 p 的平方剩余。

(2)因为 p 是奇素数,$(a,p)=1$,根据定理 3.23,有表达式

$$(a^{\frac{p-1}{2}}+1)(a^{\frac{p-1}{2}}-1)=a^{p-1}-1\equiv 0(\bmod p)$$

即有

$$p\mid a^{\frac{p-1}{2}}-1 \text{ 或 } p\mid a^{\frac{p-1}{2}}+1$$

因此,由结论(1)可知:a 是模 p 的平方非剩余的充要条件是

$$a^{\frac{p-1}{2}}\equiv -1(\bmod p)$$

证毕。

例 5.7　判断 137 是否为模 227 平方剩余。

解:

根据定理 5.1,需要计算:

$$137^{(227-1)/2}=137^{113}(\bmod 227)$$

运用模重复平方法。设 $m=227,b=137$,令 $a=1$。将 113 写成二进制

$$113=1+2^4+2^5+2^6$$

依次计算如下:

(1)$n_0=1$。计算 $a_0=a\cdot b^{n_0}\equiv 137,b_1\equiv b^2\equiv 155(\bmod m)$。

(2)$n_1=0$。计算 $a_1=a_0\cdot b_1^{n_1}\equiv 137,b_2\equiv b_1^2\equiv 190(\bmod m)$。

(3)$n_2=0$。计算 $a_2=a_1\cdot b_2^{n_2}\equiv 137,b_3\equiv b_2^2\equiv 7(\bmod m)$。

(4)$n_3=0$。计算 $a_3=a_2\cdot b_3^{n_3}\equiv 137,b_4\equiv b_3^2\equiv 49(\bmod m)$。

(5)$n_4=0$。计算 $a_4=a_3\cdot b_4^{n_4}\equiv 130,b_5\equiv b_4^2\equiv 131(\bmod m)$。

(6)$n_5=0$。计算 $a_5=a_4\cdot b_5^{n_5}\equiv 5,b_6\equiv b_5^2\equiv 136(\bmod m)$。

(7)$n_6=1$。计算 $a_6=a_5\cdot b_6^{n_6}\equiv 226\equiv -1(\bmod m)$。

因此,由定理 5.1 知 137 为模 227 平方非剩余。

定理 5.2　设 p 是奇素数,$(a_1,p)=1,(a_2,p)=1$,则

(1)如果 a_1,a_2 都是模 p 的平方剩余,则 a_1a_2 是模 p 的平方剩余;

(2)如果 a_1,a_2 都是模 p 的平方非剩余,则 a_1a_2 是模 p 的平方剩余;

(3)如果 a_1 是模 p 的平方剩余,a_2 是模 p 的平方非剩余,则 a_1a_2 是模 p 的平方非剩余。

证明:

因为

$$(a_1\cdot a_2)^{\frac{p-1}{2}}=a_1^{\frac{p-1}{2}}\cdot a_2^{\frac{p-1}{2}}$$

所以由欧拉判别条件定理 5.1 即得结论。

证毕。

定理 5.3(平方剩余个数)　设 p 是奇素数,则模 p 的简化剩余系中平方剩余与平方非

剩余的个数各为 $\frac{p-1}{2}$，且$\frac{p-1}{2}$个平方剩余与序列

$$1^2, 2^2, \cdots, \left(\frac{p-1}{2}\right)^2$$

中的一个数同余，且仅与一个数同余。

证明：

由定理 5.1，平方剩余的个数等于同余式

$$x^{\frac{p-1}{2}} \equiv 1 \pmod p$$

的解数。但

$$x^{\frac{p-1}{2}} - 1 \mid x^{p-1} - 1$$

此同余式的解数是$\frac{p-1}{2}$，故平方剩余的个数是$\frac{p-1}{2}$，而平方非剩余个数是 $p-1-\frac{p-1}{2}=\frac{p-1}{2}$。

再证明定理的第二部分。

若有两个数模 p 同余，即存在 $k_1 \neq k_2$，使得

$$k_1^2 \equiv k_2^2 \pmod p$$

则

$$(k_1+k_2)(k_1-k_2) \equiv 0 \pmod p$$

因此

$$p \mid k_1+k_2，或 p \mid k_1-k_2$$

但$1 \leqslant k_1, k_2 \leqslant k(p-1)/2$

$$2 \leqslant k_1+k_2 \leqslant p-1 \lfloor k_1-k_2 \rfloor \leqslant p-1 \leqslant p$$

从而得到 $k_1=k_2$，互相矛盾。

证毕。

5.3 Rabin 公钥密码体制

下面，先来了解一下 Rabin 公钥密码的基本知识。

5.3.1 Rabin 公钥密码基本知识

在之前的章节中，介绍过 RSA 密码体制，对 RSA 密码体制，如果 n 被成功分解，该体制便被破译，即破译 RSA 的难度不超过大整数的分解难度。在本节中，简单介绍一下 Rabin 密码体制。Rabin 密码体制是一种非对称密码技术，其安全性与 RSA 的安全性类似，与因式分解的困难性有关。Rabin 密码体制是对 RSA 的一种修正，有以下两个特点：

(1)不是以一一对应的单向陷门函数为基础，对同一密文，可能有两个以上对应的明文；

(2)已经证明破译该体制等价于对大整数的分解。

下面将介绍 Rabin 密码系统的加解密。

1. Rabin 密码系统密钥产生

(1)随机选择两个大素数 p 和 q,满足:$p \equiv q \equiv 3 \pmod 4$,之所以选择这样的 p 和 q 主要是为了简化计算。(事实上,p 和 q 可以为任意素数)

(2)计算 $n = pq$。

注:其中 n 作为公钥,p,q 作为私钥。在此假设 $p = 7$,$q = 11$,则公钥 $n = 77$。

2. Rabin 密码系统加密

(1)令 $p = \{0,\cdots,n-1\}$ 为明文空间(由数字组成)且 $m \in P$ 为明文。现在密文 c 可由如下公式计算

$$c = m^2 \pmod n$$

(2)c 为模 n 的平方剩余。在如上所举的例子中,即 $p = \{0,\cdots,76\}$ 为明文空间。在这里选取 $m = 20$ 作为明文。

(3)因此密文为 $c = m^2 \pmod n = 400 \pmod{77} = 15$。

3. Rabin 密码系统解密

(1)如果 c 和 n 已知,明文为 $m \in \{0,\cdots,n-1\}$,满足 $m^2 \equiv c \pmod n$。

(2)对于一个合数 $n(n = p \cdot q)$,并没有一种有效的方法求得 m。但是如果 n 是素数(或者 p 和 q 是素数),通过中国剩余定理可以求得 m。

(3)因此两个平方根分别为 $m_p = \sqrt{c} \pmod p$ 和 $m_q = \sqrt{c} \pmod q$。

如上所述得原理和举例,可以得到 $m_p = 1$ 和 $m_q = 9$。通过应用扩展欧几里得算法,希望能找到 y_p 和 y_q 满足 $y_p \cdot p + y_q \cdot q = 1$,即 $y_p = -3$ 和 $y_q = 2$。现在,由中国剩余定理可计算出四个平方根,分别在

$$c + nZ \in Z/nZ$$

集合中计算,并分别记为 $+r$, $-r$, $+s$, $-s$。

可以得出

$$r = (y_p \cdot p \cdot m_q + y_q \cdot q \cdot m_p) \pmod n$$

$$-r = n - r$$

$$s = (y_p \cdot p \cdot m_q - y_q \cdot q \cdot m_p) \pmod n$$

$$-s = n - s$$

其中一个平方根 mod n 为 m 最初的明文,即 $m \in \{64,20,13,57\}$。

5.3.2　Rabin 公钥密码的实现

下面将实现 Rabin 密码,函数 isPrime()判断输入的数是否是素数;函数 Rabin_getkeys()为密钥生成函数,生成公私钥;函数 Rabin_encryption()进行加密;函数 Rabin_decryption()进行解密,主函数根据随机生成的公私钥进行加解密,并输出结果。具体代码如下,该代码仅作为理论分析之用,并未进行应用方面的优化。

```
1.# -*-coding:UTF-8 -*-
2.
3.import random
```

```
4.import math
5.
6.#定义素数判定函数
7.def isPrime(n):
8.    if n <= 1:
9.        return False
10.    for i in range(2, int(math.sqrt(n)) + 1):
11.        if n % i == 0:
12.            return False
13.    return True
14.
15.#定义密钥生成函数,生成公私钥
16.def Rabin_getkeys():
17.    private_keys = [i for i in range(0,99) if isPrime(i) and i% 4 == 3]
18.    first_private_key = random.choice(private_keys)
19.    second_private_key = random.choice(private_keys)
20.    public_key = first_private_key * second_private_key
21.    keys = [first_private_key, second_private_key, public_key]
22.    return keys
23.
24.#定义加密函数
25.def Rabin_encryption(message,puk):
26.    plaintext = message
27.    ciphertext = []
28.    public_keys = puk
29.    for i in plaintext:
30.        ciphertext.append(str(hash(str(ord(i)))))
31.        ciphertext.append(str((ord(i)) * (ord(i)) % public_keys))
32.    return ciphertext
33.
34.#定义解密函数
35.def Rabin_decryption(message,fk,sk):
36.    ciphertext = message
37.    plaintext = []
38.    p = fk
39.    q = sk
40.    temp = 0
41.    for i in range(p):
42.        if (i * q) % p == 1:
43.            temp = i
```

```
44.             break
45.     a = q * temp
46.     temp = 0
47.     for i in range(q):
48.         if (i * p)% q = =1:
49.             temp = i
50.             break
51.     b = p * temp
52.     for i in range(len(ciphertext)):
53.         if i% 2 = =1:
54.             m_temp = []
55.             m = []
56.             m_temp.append(pow(int(ciphertext[i]),(p +1) /4)% p)
57.             m_temp.append(p - pow(int(ciphertext[i]),(p +1) /4)% p)
58.             m_temp.append(pow(int(ciphertext[i]),(q +1) /4)% q)
59.             m_temp.append(q - pow(int(ciphertext[i]),(q +1) /4)% q)
60.             m.append((a * m_temp[0] +b * m_temp[2])% (p * q) -100)
61.             m.append((a * m_temp[0] +b * m_temp[3])% (p * q) -100)
62.             m.append((a * m_temp[1] +b * m_temp[2])% (p * q) -100)
63.             m.append((a * m_temp[1] +b * m_temp[3])% (p * q) -100)
64.             for each_m in m:
65.                 if hash(str(each_m)) = = int(ciphertext[i -1]):
66.                     plaintext.append(chr(each_m))
67.     return ''.join(plaintext)68.
69.if __name__ = ='__main__':
70.     print("随机产生公钥与私钥,前两位为私钥用于解密,最后一位为公钥,用于加密:")
71.     keys  =Rabin_getkeys()
72.     #打印公钥与私钥,前两位为私钥用于解密,最后一位为公钥,用于加密
73.     print (keys)
74.     print("输出密文,前一位为 hash 值,后一位为密文")
75.     #打印加密结果
76.     print (Rabin_encryption('Hello',keys[ -1]))
77.     #打印解密结果
78.     print (Rabin_decryption(Rabin_encryption('Hello',keys[ -1]),keys[0],
keys[1]))
```

图 5.1 是某一次执行的结果。其中明文消息设置为 Hello,随机产生的公钥为 339,私钥为[43,79]。

```
随机产生公钥与私钥，前两位为私钥用于解密，最后一位为公钥，用于加密：
[43, 79, 3397]
输出密文，前一位为hash值，后一位为密文
['-8291047008400591287', '1787', '5838490110214839417', '10', '-5546124112848844854',
 '1473', '-5546124112848844854', '1473', '2741547979647995929', '2130']
```

图 5.1　Rabin 公钥密码的加解密运行结果

5.4　一般同余式的解数及解法

现在考虑一般同余式的求解。假设模 m 可以分解为 k 个两两互素的正整数的乘积

$$m = m_1 \cdots m_k$$

首先,考虑如何将模 m 同余式的求解转化为模 m_i 的求解,以及它们的解数的乘积。

定理 5.4(高次同余式降模)　若 $m = m_1 m_2 \cdots m_k$,$(m_i, m_j) = 1$,$i \neq j$,则同余式

$$f(x) \equiv 0 \pmod{m} \tag{5.3}$$

与同余式组

$$\begin{cases} f(x) \equiv 0 \pmod{m_1} \\ \cdots\cdots \\ f(x) \equiv 0 \pmod{m_k} \end{cases} \tag{5.4}$$

等价。且若 $f(x) \equiv 0 \pmod{m_i}$ 的解数是 T_i,$i = 1,2,\cdots,k$,则 $f(x) \equiv 0 \pmod{m}$ 的解数为 $T = T_1 T_2 \cdots T_k$。

证明:

设 x_0 是同余式的解,则同余式 $f(x_0) \equiv 0 \pmod{m}$,于是由定理 4.1 有

$$f(x_0) \equiv 0 \pmod{m_i}, i = 1,2,\cdots,k$$

即 x_0 是同余式组(5.4)的解。反之,若 x_0 是同余式组的解,即

$$f(x_0) \equiv 0 \pmod{m_i}, i = 1,2,\cdots,k$$

因 $(m_i, m_j) = 1$,$i \neq j$,所以由定理 3.12 得

$$f(x_0) \equiv 0 \pmod{m_1 m_2 \cdots m_k}$$

即 $f(x_0) \equiv 0 \pmod{m}$。故同余式(5.3)与同余式(5.4)组等价。定理第一部分证毕。

下面证明定理的第二部分。

又设 $f(x) \equiv 0 \pmod{m_i}$ 的解是

$$x \equiv b_i \pmod{m_i}, i = 1,2,\cdots,k$$

由中国剩余定理 4.5 知,构造的以下同余式

$$\begin{cases} x \equiv b_1 \pmod{m_1} \\ x \equiv b_2 \pmod{m_2} \\ \cdots\cdots \\ x \equiv b_k \pmod{m_k} \end{cases}$$

恰有解

$$x \equiv M_1'M_1b_1 + \cdots + M_k'M_kb_k \pmod{m}$$

且有

$$x \equiv M_1'M_1b_1 + \cdots + M_k'M_kb_k \equiv M_i'M_ib_i \equiv b_i \pmod{m_i}$$

而

$$f(x) \equiv f(b_i) \equiv 0 \pmod{m_i}, i = 1, 2, \cdots, k$$

即 x 是同余式组(5.4)的解,因而 x 也是同余式(5.3)的解。因 b_i 遍历 $f(x) \equiv 0 \pmod{m_i}$ 的 T_i 个解,所以

$$x \equiv M_1'M_1b_1 + \cdots + M_k'M_kb_k \pmod{m}$$

遍历 $f(x) \equiv 0 \pmod{m}$ 的 $T_1T_2\cdots T_k$ 个解,于是同余式(5.3)是对模 m 的解数是

$$x \equiv T = T_1T_2\cdots T_k$$

证毕。

例 5.8　解同余式 $f(x) \equiv 0 \pmod{35}$, $f(x) = x^4 + 2x^3 + 8x + 9$。

解:

原同余式等价于同余式组

$$\begin{cases} f(x) \equiv 0 \pmod{5} \\ f(x) \equiv 0 \pmod{7} \end{cases}$$

对于 $f(x) \equiv 0 \pmod{5}$,易知有两个解 $x \equiv 1, 4 \pmod{5}$。对于 $f(x) \equiv 0 \pmod{7}$,易知有三个解 $x \equiv 3, 5, 6 \pmod{7}$。故原同余式有 $2 \times 3 = 6$ 个解(对模 35)。

解同余式组

$$\begin{cases} x \equiv b_1 \pmod{5} \\ x \equiv b_2 \pmod{7} \end{cases} (b_1 = 1, 4; b_2 = 3, 5, 6)$$

因此 $M_1 = 7$, $M_2 = 5$,由 $7M_1' \equiv 1 \pmod{5} \Rightarrow M_1' \equiv 3 \pmod{5}$,由 $5M_2' \equiv 1 \pmod{7} \Rightarrow M_2' \equiv 3 \pmod{7}$。

由中国剩余定理得 $x \equiv 3 \cdot 7 \cdot b_1 + 3 \cdot 5 \cdot b_2 \pmod{35}$,将 b_1, b_2 的值分别代入,即得原同余式的全部解:$x \equiv 31, 26, 6, 24, 19, 34 \pmod{35}$。

下面对一般同余式式 $f(x) \equiv 0 \pmod{m}$ 的解法进行讨论。

设 m 有标准分解式 $m = p_1^{\alpha_1}p_2^{\alpha_2}\cdots p_k^{\alpha_k}$,由定理 5.4 知,要解同余式 $f(x) \equiv 0 \pmod{m}$,只需求解同余式组

$$f(x) \equiv 0 \pmod{p_i^{\alpha_i}}, i = 1, 2, \cdots, k$$

为此讨论 p 为素数时,同余式 $f(x) \equiv 0 \pmod{p^\alpha}$ 的解法。

又因

$$f(x) \equiv 0 \pmod{p^\alpha} \Rightarrow f(x) \equiv 0 \pmod{p}$$

为此,从 $f(x) \equiv 0 \pmod{p}$ 的解出发求 $f(x) \equiv 0 \pmod{p^\alpha}$ 的解。

定义 5.2 ($f(x)$ 的导式)　设

$$f(x) = a_nx^n + \cdots + a_2x^2 + a_1x + a_0$$

为整系数多项式,记

$$f'(x)=na_nx^{n-1}+\cdots+2a_2x+a_1$$

称$f'(x)$为$f(x)$的导式。

定理 5.5（mod p^a 同余式的解） 设$x\equiv x_1(\bmod p)$是同余式$f(x)\equiv 0(\bmod p)$的一个解，且$(f'(x_1),p)=1$，则同余式$f(x)\equiv 0(\bmod p^\alpha)$有解$x\equiv x_\alpha(\bmod p^\alpha)$。

5.5 素数模的同余式

现在考虑如何求解模素数p的同余式

$$f(x)=a_nx^n+\cdots+a_1x+a_0\equiv 0(\bmod p)$$

其中$a_n\not\equiv 0(\bmod p)$。

定理 5.6（多项式欧几里得除法） 设

$$f(x)=a_nx^n+a_{n-1}x^{n-1}+\cdots+a_1x+a_0$$

为n次整数系多项式。

$$g(x)=x^m+b_{m-1}x^{m-1}+\cdots+b_1x+b_0$$

为$m(\geq 1)$次首1整系数多项式。则存在整系数多项式$q(x)$和$r(x)$，使得

$$f(x)=g(x)q(x)+r(x),Degr(x)<Degg(x)$$

或$r(x)=0$。

证明：

以下分两种情形讨论：

（1）若$n<m$，取$q(x)=0,r(x)=f(x)$则结论成立；

（2）若$n\geq m$，对$f(x)$的次数n作数学归纳法。

当$n=m$时，有

$$f(x)-a_ng(x)=(a_{n-1}-a_nb_{n-1})x^{n-1}+\cdots+(a_1-a_nb_1)x+(a_0-a_nb_0)$$

取$q(x)=a_n,r(x)=f(x)-a_ng(x)$即可。

假设对于次数小于$n(>m)$的多项式，结论成立。

对于n次多项式$f(x)$有

$$f(x)-a_nx^{n-m}g(x)=(a_{n-1}-a_nb_{m-1})x^{n-1}+\cdots+(a_{n-m}-a_nb_0)x^{n-m}+a_{n-m-1}x^{n-m-1}+\cdots+a_0$$

因$f(x)-a_nx^{n-m}g(x)$是次数小于$n-1$的多项式，由归纳假设或情形（1），存在整系数多项式$q_1(x)r_1(x)$，使得

$$f(x)-a_nx^{n-m}g(x)=g(x)q_1(x)+r_1(x),Degr_1(x)<Degg(x)$$

即

$$f(x)=g(x)(a_nx^{n-m}+q_1(x))+r_1(x),Degr_1(x)<Degg(x)$$

于是取$q(x)=a_nx^{n-m}+q_1(x),r(x)=r_1(x)$即可。

由数学归纳法原理，结论成立。

证毕。

下面讨论素数模同余式的解法。

定理 5.7(同余式降幂)　有同余式 $f(x)=a_nx^n+a_{n-1}x^{n-1}+\cdots+a_0\equiv 0(\bmod p)$,其中 p 是素数,而 $a_n\not\equiv 0(\bmod p)$,则同余式与一个次数不超过 $p-1$ 的素数模 p 同余式等价。

证明:

由定理 5.6,存在整系数多项式 $q(x)$,$r(x)$ 使得

$$f(x)=(x^p-x)q(x)+r(x)$$

其中 $r(x)$ 的次数不超过 $p-1$,由定理 3.24 知,对于任何整数 x,都有

$$x^p-x\equiv 0(\bmod p)$$

故同余式

$$f(x)\equiv 0(\bmod p)$$

等价于同余式

$$r(x)\equiv 0(\bmod p)$$

证毕。

例 5.10　求与同余式 $3x^{14}+4x^{13}+2x^{11}+x^9+x^6+x^3+12x^2+x\equiv 0(\bmod 5)$ 等价的次数小于 5 的同余式。

解:

因

$$3x^{14}+4x^{13}+2x^{11}+x^9+x^6+x^3+12x^2+x=(x^5-x)\cdot$$
$$(3x^9+4x^8+2x^6+3x^5+5x^4+2x^2+4x+5)+3x^3+16x^2+6x$$

所以原同余式等价于

$$3x^3+16x^2+6x\equiv 0(\bmod 5)$$

注　对任何整数 x,都有 $x^p-x\equiv 0(\bmod p)$,于是对任何整数 x,有 $f(x)\equiv r(x)(\bmod p)$。因此同余式与同余式 $r(x)\equiv 0(\bmod p)$ 等价。因此只需讨论次数小于模 p 的同余式的解。

定理 5.8(多项式分解)　设 $1\leqslant k\leqslant n$,如果

$$x\equiv a_i(\bmod p),i=1,2,3,\cdots,k$$

是同余式 $f(x)\equiv 0(\bmod p)$ 的 k 个不同解,则对任何整数 x,有

$$f(x)\equiv(x-a_1)(x-a_2)\cdots(x-a_k)f_k(x)(\bmod p)$$

其中 $f_k(x)$ 是 $n-k$ 次多项式,首项系数是 a_n。

证明:

由定理 5.6 可知,存在多项式 $f_1(x)$ 和 $r(x)$ 使得

$$f(x)\equiv(x-a_1)f_1(x)+r(x),\deg r(x)<\deg(x-a_1)$$

易知,$f_1(x)$ 是首项系数为 a_n 的 $n-1$ 次多项式,$r(x)=r$ 为整数。

因 $f(a_1)\equiv 0(\bmod p)\Rightarrow r\equiv 0(\bmod p)$,于是对任何整数 x,有

$$f(x)\equiv(x-a_1)f_1(x)(\bmod p)$$

再由 $f(a_i)\equiv 0(\bmod p)$,$a_i\not\equiv a_1(\bmod p)$,$i=2,3,\cdots,k$,即

$$f(a_i)\equiv(a_i-a_1)f_1(a_i)\equiv 0(\bmod p),i=2,3,\cdots,k$$

类似地,对于多项式 $f_1(x)$ 可找到多项式 $f_2(x)$,使得

$$\begin{cases} f_1(x) \equiv (x-a_2)f_2(x) \pmod p \\ f_2(a_i) \equiv 0 \pmod p, i=3,\cdots,k \end{cases}$$

同理，可以得到

$$f_{k-1}(x) \equiv (x-a_k)f_k(x) \pmod p$$

故

$$f(x) \equiv (x-a_1)(x-a_2)\cdots(x-a_k)f_k(x) \pmod p$$

证毕。

例 5.11 用代入验证的方法求出下列同余式的根，如果有根，则把同余式化为和它等价的因式连乘积。

(1) $x^4-2x^2+x+1 \equiv 0 \pmod 7$；

(2) $x^4+x+4 \equiv 0 \pmod{11}$；

(3) $x^2-2 \equiv 0 \pmod{13}$。

根据上述定理和费马小定理可得到以下定理。

定理 5.9 设 p 是一个素数，则

(1) 对任何整数 x，有

$$x^{p-1}-1 \equiv (x-1)(x-2)\cdots(x-(p-1)) \pmod p$$

(2)（Wilson 定理）$(p-1)!+1 \equiv 0 \pmod p$

证明：

(1) 由于 $1,2,\cdots,p-1$ 都与 p 互素，由欧拉定理知

$$x \equiv 1,2,\cdots,p-1 \pmod p$$

是 $x^{p-1}-1 \equiv 0 \pmod p$ 的 $p-1$ 个不同解。

于是对任何整数 x，有

$$x^{p-1}-1 \equiv (x-1)(x-2)\cdots(x-(p-1)) \pmod p$$

(2) 由 (1) 可得，特别地对于 p，有

$$p^{p-1}-1 \equiv (p-1)(p-2)\cdots(p-(p-1)) \pmod p$$

即

$$(p-1)! \equiv p^{p-1}-1 \equiv -1 \pmod p$$

故

$$(p-1)!+1 \equiv 0 \pmod p$$

因此有推论，p 是素数 $\Leftrightarrow (p-1)!+1=0 \pmod p$。

证毕。

定理 5.10（素数模的同余式解数） 设

$$f(x)=a_nx^n+a_{n-1}x^{n-1}+\cdots+a_0$$

p 是素数，$a_n \not\equiv 0 \pmod p$，则同余式 $f(x) \equiv 0 \pmod p$ 的解数不超过它的次数 n。

证明：

（反证法）若同余式至少有 $n+1$ 个解，设为

$$x \equiv a_i \pmod p, i=1,2,\cdots,n+1$$

由定理得

$$f(x)\equiv a_n(x-a_1)(x-a_2)\cdots(x-a_n)\pmod p$$

又因 $x\equiv a_{n+1}\pmod p$ 也是同余式的解，所以有

$$f(a_{n+1})\equiv 0\pmod p$$

即有

$$f(a_{n+1})\equiv a_n(a_{n+1}-a_1)(a_{n+1}-a_2)\cdots(a_{n+1}-a_n)\equiv 0\pmod p$$

但 p 为素数，且 $a_n\not\equiv 0\pmod p$，故必有某 a_i，使得

$$a_{n+1}-a_i\equiv 0\pmod p$$

即 $a_{n+1}\equiv a_i\pmod p$，这与假设矛盾。

由此可知，n 次同余式至多有 n 个解。

证毕。

注　在同余式

$$f(x)=a_nx^n+a_{n-1}x^{n-1}+\cdots+a_0\equiv 0\pmod p$$

中，因 $a_n\not\equiv 0\pmod p$，所以 $(a_n,p)=1$。

于是 $a_nx\equiv 1\pmod p$ 有解，即有整数 a_n，使得 $a_n'a_n\equiv 1\pmod p$。

于是 $a_nx^n+a_{n-1}x^{n-1}+\cdots+a_0\equiv 0\pmod p$ 与 $x^n+a_n'a_{n-1}x^{n-1}+\cdots+a_n'a_0\equiv 0\pmod p$ 等价。

为此，研究高次同余式问题可以转化为研究首项系数为1的高次同余式。

例5.11　设同余式 $2x^3+5x^2+6x+1\equiv 0\pmod 7$，求与其等价低次同余式。

解：

因 $2\cdot 4\equiv 1\pmod 7$，所以同余式

$$4(2x^3+5x^2+6x+1)\equiv x^3-x^2+3x-3\equiv 0\pmod 7$$

与原同余式等价。

推论　次数小于 p 的整系数多项式对所有整数取值模 p 为零的充要条件是其系数被 p 整除。

定理5.11（同余式有 n 个解的充要条件）　设 p 是一个素数，n 是一个正整数 $n\leqslant p$，则同余式

$$f(x)=x^n+a_{n-1}x^{n-1}+\cdots+a_0\equiv 0\pmod p$$

有 n 个解的充要条件是 x^p-x 被 $f(x)$ 除所得余式的所有系数都是 p 的倍数。

证明：

由多项式的欧几里得除法，有整系数多项式 $q(x)$ 和 $r(x)$ 使得

$$x^p-x=f(x)q(x)+r(x) \tag{1}$$

且 $r(x)$ 的次数小于 n，$q(x)$ 的次数是 $p-n$。

若原式有 n 个解，则由费马小定理知这 n 个解都是

$$x^p-x\equiv 0\pmod p$$

的解。由(1)知，这 n 个解也是

$$r(x)\equiv 0\pmod p$$

的解。但 $r(x)$ 的次数小于 n，故 $r(x)$ 的系数都是 p 的倍数。

反之，若 $r(x)$ 的系数都是 p 的倍数，则对任何整数 x，有

$$r(x)\equiv 0 \pmod p$$

又由费马定理有

$$x^p - x\equiv 0 \pmod p$$

于是由（1）知对任何整数 x，有

$$f(x)q(x)\equiv 0 \pmod p \tag{2}$$

因 $f(x)q(x)$ 的次数为 p，所以（2）有 p 个不同的解 $x\equiv 0,1,2,\cdots,p-1 \pmod p$。

若 $f(x)\equiv 0 \pmod p$ 的解数为 $k<n$。因多项式 $q(x)$ 的次数为 $p-n$，所以 $q(x)\equiv 0 \pmod p$ 的解数为 $h\leqslant p-n$。于是（2）的解数位 $\leqslant k+h<n+(p-n)=p$。这与上面所得结论矛盾。故 $f(x)\equiv 0 \pmod p$ 有 n 个解。

证毕。

推论　设一个素数 p，d 是 $p-1$ 的正因数，则多项式 x^d-1 模 p 有 d 个不同的根。

证明：

因 $d|p-1$，所以存在整数 q 使得 $p-1=dq$，于是

$$x^{p-1}-1=(x^d)^q-1=(x^d-1)(x^{d(q-1)}+x^{d(q-2)}+\cdots+x^d+1)$$

故 x^d-1 有 d 个不同的根。

证毕。

例 5.12　判断同余式 $2x^3+5x^2+6x+1\equiv 0 \pmod 7$ 是否有三个解。

解：

因 $2\cdot 4\equiv 1 \pmod 7$，所以同余式

$$4(2x^3+5x^2+6x+1)\equiv x^3-x^2+3x-3 \pmod 7$$

与原同余式等价。

因为

$$x^7-x=(x^3-x^2+3x-3)(x^4+x^3-zx^2-2x+7)+(7x^2-28x+21)$$

因 $7x^2-28x+21$ 的系数都是 7 的倍数，故由定理 5.1 知，原同余式的解数为 3。

例 5.13　解同余式 $21x^{18}+2x^{15}-x^{10}+4x-3=6x+1\equiv 0 \pmod 7$。

解：

因

$$21x^{18}+2x^{15}-x^{10}+4x-3\equiv 0 \pmod 7$$

与

$$21x^{15}-x^{10}+4x-3\equiv 0 \pmod 7$$

等价。又

$$21x^{15}-x^{10}+4x-3=(x^7-x)(2x^8-x^3+2x^2)+(-x^4+2x^3+4x-3)$$

所以原同余式等价于以上同余式。而 $-x^4+2x^3+4x-3\equiv 0 \pmod 7$ 将 $x=0,\pm 1,\pm 2,\pm 3$ 代入上式直接验算知，原同余式无解。

例 5.14　解同余式 $3x^{14}+4x^{13}+2x^{11}+x^9+x^6+x^3+12x^2+x\equiv 0 \pmod 5$。

解：

（解法一）

因为

$$3x^{14}+4x^{13}+2x^{11}+x^{9}+x^{6}+x^{3}+12x^{2}+x=$$
$$(x^{5}-x)(3x^{9}+4x^{8}+2x^{6}+3x^{5}+5x^{4}+2x^{2}+4x+5)+(3x^{3}+16x^{2}+6x)$$

所以同余式等价于同余式

$$3x^{3}+16x^{2}+6x\equiv 3x^{3}+x^{2}+x\equiv 0(\text{mod }5)$$

直接验算知同余式的解 $x\equiv 0,1,2(\text{mod }5)$。

（解法二）

由恒等同余式

$$x^{p}-x\equiv 0(\text{mod }p)\Rightarrow x^{p}\equiv x(\text{mod }p)$$

于是对任何正整数 k,t，有

$$x^{kp+t}\equiv x^{k}x^{t}(\text{mod }p)\Rightarrow x^{k(p-1)+t}\equiv x^{t}(\text{mod }p)$$

特别地

$$x^{4k+t}\equiv x^{t}(\text{mod }5)(p=5)$$
$$x^{14}\equiv x^{10}\equiv x^{6}\equiv x^{2}$$
$$x^{13}\equiv x^{9}\equiv x^{5}\equiv x^{1}$$
$$x^{11}\equiv x^{7}\equiv x^{3}(\text{mod }5)$$

因此原同余式等价于同余式

$$3x^{3}+16x^{2}+6x\equiv 0(\text{mod }5)$$

进而等价于同余式

$$2(3x^{3}+16x^{2}+6x)\equiv x^{3}+2x^{2}+2x\equiv 0(\text{mod }5)$$

将 $x\equiv 0,1,2,3,4$ 代入上面同余式直接验算知，原同余式的解为

$$x\equiv 0,1,2(\text{mod }5)$$

注　一般地，解素数模 p 的高次同余式，可先降低同余式的次数，即化为等价的但次数小于 p 的同余式，再进一步化为与之等价的但各项系数均小于 p 的同余式。

5.6　DSA 签名算法及代码分析

1991 年 8 月，美国国家标准局（NIST）公布了数字签名标准（Digital Signature Standard，DSS）。此标准采用的算法称为数字签名算法（Digital Signature Algorithm，DSA），它作为 ElGamal 和 Schnorr 签名算法的变种，其安全性基于离散对数难题，并且采用了 Schnorr 系统中取 g 为非本原元的做法，以降低是其签名文件的长度。与 DH 密码算法，最重要的区别构造 p（大素数）时要使 $p-1$ 可以被另一个称作 q 的素数除尽。与 RSA 不同的是，DSA 签名结果是由两个值 r 和 s（160 位）组成。

1. 参数介绍

p：Lbits 长的素数。L 是 64 的倍数，范围为 512～1024。

q：$p-1$ 的 160 bits 的素因子。

g：$g=h^{p-1/q}(\text{mod }p)$，$h$ 满足 $h<p-1$，$h^{p-1/q}(\text{mod }p)>1$。

$x:x<q$，x 为私钥。

$y:y=g^x(\bmod p)$ 。

(p,q,g,y) 为公钥。

以上参数中 p,q,g 以及 y 为公钥，x 为私钥必须保密。任何第三方用户想要从 y 计算 x，都必须解决整数离散对数难题。

注 (1)整数 p,q,g 可以公开，也可仅由一组特定用户共享。

(2)私钥 x 和公钥 y 称为一个密钥对 (x,y)，私钥只能由签名者本人独自持有，公钥则可以公开发布，密钥对可以在一段时间内持续使用。

下面利用 python 来定义获取 p,q,g,y。

```
1.import base64
2.import random
3.import hashlib
4.import math
6.#定义获取 p,q,g 的函数
7.def get_PQG():
8.    q =getPrime()
9.    i = 6
10.    while True:
11.        p = q *i + 1
12.        if is_prime(p):
13.            break
14.        i + = 1
15.    h =random.randint(3, p - 2)
16.    g =exp_mode(h, int((p - 1)/q), p)
17.    return p, q, g
18.
19.#定义获取公匙 y 的函数
20.def get_Y(g, x, p):
21.    return exp_mode(g, x, p)
22.
23.#定义获取素数的函数
24.def getPrime():
25.    # tmp = random.randint(Constant.MIN_Q, Constant.MAX_Q)
26.    tmp = random.randint(1, 9999999999999)
27.    while (is_prime(tmp) = = False):
28.        tmp = random.randint(1, 9999999999999)
29.    return tmp
30.
31.#判断是否为素数
```

```
32.def is_prime(number):
33.    sqrt = int(math.sqrt(number))
34.    for j in range(2, sqrt + 1):  # 从2到number的算术平方根迭代
35.        if int((number /j)) * j = = number:  # 判断j是否为number的因数
36.            return False
37.    return True
38.
39.#整数次幂取模(base ^exponent)mod n
40.def exp_mod e(base, exponent, n):
41.    bin_array = bin(exponent)[2:][::-1]
42.    r =len(bin_array)
43.    base_array = []
44.    pre_base = base
45.    base_array.append(pre_base)
46.    for _ in range(r - 1):
47.        next_base = (pre_base * pre_base)% n
48.        base_array.append(next_base)
49.        pre_base = next_base
50.    a_w_b = __multi(base_array, bin_array)
51.    return a_w_b % n
52.
53.def __multi(array, bin_array):
54.    result = 1
55.    for index in range(len(array)):
56.        a = array[index]
57.        if not int(bin_array[index]):
58.            continue
59.        result * = a
60.    return result
```

2. DSA签名算法签名

生成随机数 k,其中 $1 < k < q$;计算 $r = (g^k (\mathrm{mod}\ p))(\mathrm{mod}\ q)$;计算 $s = k^{-1}(H(m) + xr)(\mathrm{mod}\ q)$;签名为:$(m, r, s)$。

注　(1)$k^{(-1)}$表示整数 k 关于某个模数的逆元,并非指 k 的倒数。k 在每次签名时都要重新生成。

逆元:满足$(a * b) = 1(\mathrm{mod}\ m)$的 a 和 b 互为关于模数 m 的逆元,表示为 $a = b^{(-1)}$ 或 $b = a^{(-1)}$,如$(2 \times 5) = 1(\mathrm{mod}\ 3)$,则2和5互为模数3的逆元。

(2)SHA(M):M的Hash值,M为待签署的明文或明文的Hash值。SHA是Oneway－Hash函数,DSS中选用SHA1,此时SHA(M)为160 bits长的数字串(16进制),可以参与数学计算(事实上SHA1函数生成的是字符串,因此必须把它转化为数字串)。

(3)最终的签名就是整数对(r,s),它们和消息m一起发送到验证方。

(4)尽管r和s为0的概率相当小,但只要有任何一个为0,必须重新生成k,并重新计算r和s。

下面通过 python 来定义 DSA 的签名。

```
1.#定义签名函数
2.    def signature(p ,q ,g ,x ,HM ,k):
3.    r =exp_mode(exp_mode(g, k, p), 1, q)
4.    s = (inverseElement(k, q) * (HM + x * r))% q
5.    return r, s
6.
7.def inverseElement(a ,b):
8.    # 将初始 b 的绝对值进行保存
9.    if b < 0:
10.        m = abs(b)
11.    else:
12.        m = b
13.    flag =gcd(a, b)
14.
15.    # 判断最大公约数是否为 1,若不是则没有逆元
16.    if flag = = 1:
17.        r, x, y =ext_gcd(a, b)
18.        x0 = x % m# 对于 Python '% '就是求模运算,因此不需要' +m'
19.        return x0
20.    else:
21.        print("Do not have!")
22.
23.#最大公约数
24.def gcd(a, b):
25.    if b = = 0:
26.        return a
27.    else:
28.        return gcd(b, a % b)
29.
30.#扩展欧几里的算法:计算 ax + by = 1 中的 x 与 y 的整数解(a 与 b 互质),参数 a<b
31.def ext_gcd(a, b):
32.    if b = = 0:
33.        x1 = 1
34.        y1 = 0
35.        x = x1
36.        y = y1
```

```
37.         r = a
38.         return r, x, y
39.     else:
40.         r, x1, y1 =ext_gcd(b, a % b)
41.         x = y1
42.         y = x1 - a //b * y1
43.         return r, x, y
```

3. DSA 签名算法验证

计算 $w=s^{-1}(\bmod q)$；计算$u_1=H(m)\cdot w(\bmod q)$；计算$u_2=r\cdot w(\bmod q)$；计算 $v=(g^{u_1}y^{u_2}(\bmod p))(\bmod q)$；若 $v=r$，则认为签名有效。

注 (1)验证通过说明：签名(r,s)有效，即(r,s,m)确为发送方的真实签名结果，真实性可以高度信任，m 未被窜改，为有效信息。

(2)验证失败说明：签名(r,s)无效，即(r,s,m)不可靠，或者 m 被窜改过，或者签名是伪造的，或者 M 的签名有误，m 为无效信息。

下面通过 python 来定义 DSA 签名的验证。

```
1.#定义 DSA 签名的验证函数
2.def verification(p, q, g, y, HM, r, s):
3.    w =inverseElement(s, q)
4.    u1 = (HM * w)% q
5.    u2 = (r * w)% q
6.    v = (((g * * u1)* (y * * u2))% p)% q
7.    return v
```

4. DSA 签名算法正确性证明

如果 $g=h^{(p-1)/q}(\bmod p)$，则有 $g^q\equiv h^{p-1}\equiv 1(\bmod p)$。当 $g>0$，q 是素数时，由费尔马小定理得 $g^q=1(\bmod p)$。签名者计算：$s=k^{-1}(H(m)+xr)(\bmod q)$。因此 $k\equiv H(m)s^{-1}+xrs^{-1}\equiv H(m)w+xrw(\bmod q)$。因为 $g^q=1\bmod p$，则有 $g^k\equiv g^{H(m)w}g^{xrw}\equiv g^{H(m)w}y^{rw}\equiv g^{u_1}y^{u_2}(\bmod p)$。最后，可以得到 $r=(g^k(\bmod p))(\bmod q)=(g^{u_1}y^{u_2}(\bmod p))(\bmod q)=v$。

5. 采用一个手动 DSA 签名的例子来进一步了解 DSA 的签名

(1)密钥生成

$$p=67=6\times 11+1,q=11p=67=6\times 11+1,q=11$$

$$g=3^{p-\frac{1}{11}}(\bmod p)=3^6(\bmod 67)=59$$

$$x=5,y=g^x(\bmod p)=62$$

$$KU=(59,67,11,62)$$

$$KR=(59,67,11,5)$$

(2)签名

令 $H(M)=4,k=3$

$$R=(g^k(\bmod p))(\bmod q)=(59^3(\bmod 67))(\bmod 11)=2$$

$$s=k^{-1}(H(M)+rx)(\bmod q)=3^{-1}(4+2\times 5)(\bmod 11)=1$$

$$(r,s)=(2,1)$$

(3)验证

验证$(r',s')=(2,1)$

$$w=s'(\bmod q)=1^{-1}(\bmod 1)=1\ U_1=H(M)\times w(\bmod q)=4\times 1(\bmod 11)=4$$

$$U_2=r'\times w(\bmod q)=2\times 1(\bmod 11)=2$$

$$V=(g^{u_1}\times y^{u_2}(\bmod p))(\bmod q)=(59^4\times 62^2(\bmod 67))(\bmod 11)=2$$

因为$v=r'$,所以(2,1)是$H(M)$的签名。

6. 通过 python 编写主函数实现一个完整的 DSA 签名的签名过程及其验证过程。

```
1.def SHA(str):
2.     s =hashlib.sha1()
3.     s.update(str)
4.     tmp = s.hexdigest()
5.     return int(tmp, 16)
6.
7.if __name__= ='__main__':
8.     while True:
9.         print('= = = = = = = = = = = = 请选择 = = = = = = = = = = = =')
10.        print('1:生成全局公开钥 p q g')
11.        print('2:选取秘钥 x 并生成公开钥 y')
12.        print('3:对要发送的文件进行签名')
13.        print('4:对接收的文件进行签名验证')
14.        choice =input()
15.
16.        if choice = = '1':
17.            p, q, g =get_PQG()
18.            print('获取成功!')
19.            print('p = ' + str(p))
20.            print('q = ' + str(q))
21.            print('g = ' + str(g))
22.
23.        elif choice = = '2':
24.            p, q, g = map(int, input('请输入公开元素 p q g ').split())
25.            p = int(p)
26.            q = int(q)
27.            g = int(g)
28.            x = input('请输入随机选取的大于 0 小于 ' + str(q) + ' 的正整数 X ')
29.            x = int(x)
30.            print('计算成功!')
31.            print('公开钥 y = ' + str(get_Y(g, x, p)))
```

```
32.
33.        elif choice = = '3':
34.            p, q, g = map(int, input('请输入公开元素 p q g ').split())
35.            p = int(p)
36.            q = int(q)
37.            g = int(g)
38.            x = input('请输入秘密钥 x ')
39.            x = int(x)
40.            root = input('请输入需要签名的文件的路径')
41.            withopen(root, "rb")as srcFile:
42.                tmp = base64.b64encode(srcFile.read())
43.            HM =SHA(tmp)
44.            k = input('请输入为本次签名选取的秘密数 k ，其中 0 < k < ' + str(q)
+ '    ')
45.            k = int(k)
46.            r, s =signature(p, q, g, x, HM, k)
47.            print("签名成功,本条消息的签名(r,s)为 ( " + str(r) + ',' + str(s)
+ ')')
48.
49.        elif choice = = '4':
50.            p, q, g = map(int, input('请输入公开元素 p q g ').split())
51.            p = int(p)
52.            q = int(q)
53.            g = int(g)
54.            y = input('请输入公开钥 y ')
55.            y = int(y)
56.            root = input('请输入验证签名的文件的路径')
57.            withopen(root, "rb")as srcFile:
58.                tmp = base64.b64encode(srcFile.read())
59.            HM =SHA(tmp)
60.            r, s = map(int, input('请该文件的签名 r s ').split())
61.            r = int(r)
62.            s = int(s)
63.            v =verification(p, q, g, y, HM, r, s)
64.            if (v = = r):
65.                print("签名校验结果: Signature verification is true")
66.            else:
67.                print("签名校验结果: Sorry,signature verification is false")
68.        else:
69.            print('error')
```

结合上述的代码，执行主函数，可以得到如图 5.2 所示的结果。

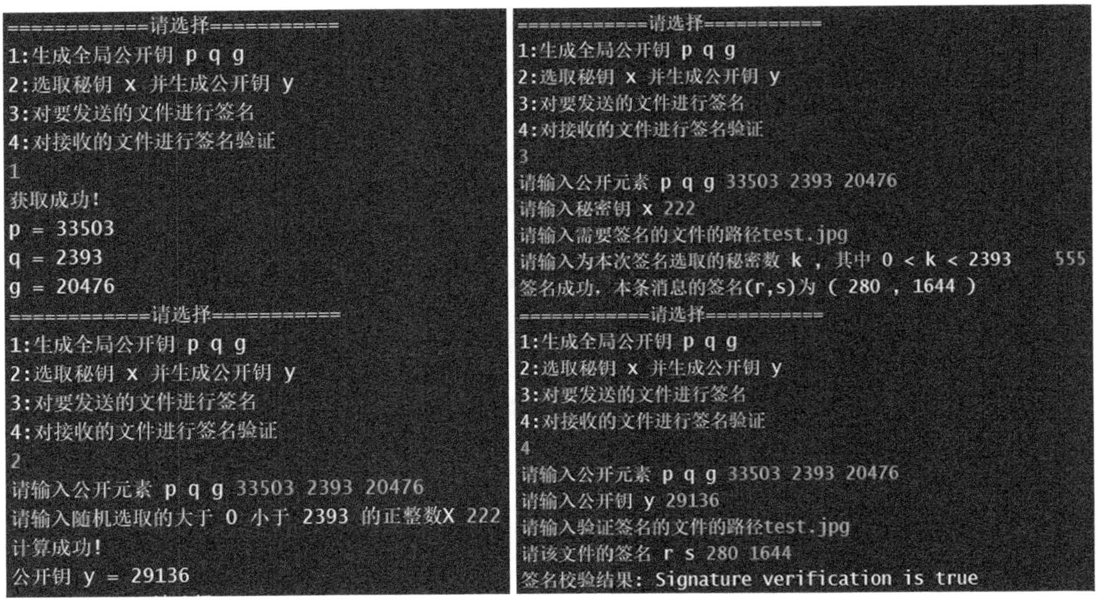

```
============请选择===========
1:生成全局公开钥 p q g
2:选取秘钥 x 并生成公开钥 y
3:对要发送的文件进行签名
4:对接收的文件进行签名验证
1
获取成功!
p = 33503
q = 2393
g = 20476
============请选择===========
1:生成全局公开钥 p q g
2:选取秘钥 x 并生成公开钥 y
3:对要发送的文件进行签名
4:对接收的文件进行签名验证
2
请输入公开元素 p q g 33503 2393 20476
请输入随机选取的大于 0 小于 2393 的正整数X 222
计算成功!
公开钥 y = 29136
```

```
============请选择===========
1:生成全局公开钥 p q g
2:选取秘钥 x 并生成公开钥 y
3:对要发送的文件进行签名
4:对接收的文件进行签名验证
3
请输入公开元素 p q g 33503 2393 20476
请输入秘密钥 x 222
请输入需要签名的文件的路径test.jpg
请输入为本次签名选取的秘密数 k , 其中 0 < k < 2393    555
签名成功, 本条消息的签名(r,s)为 ( 280 , 1644 )
============请选择===========
1:生成全局公开钥 p q g
2:选取秘钥 x 并生成公开钥 y
3:对要发送的文件进行签名
4:对接收的文件进行签名验证
4
请输入公开元素 p q g 33503 2393 20476
请输入公开钥 y 29136
请输入验证签名的文件的路径test.jpg
请该文件的签名 r s 280 1644
签名校验结果: Signature verification is true
```

图 5.2　DSA 签名算法的加解密运行结果

习　　题

1. 求模 $p=13,23,31,37,47$ 的二次剩余和二次非剩余。
2. 求满足方程 $E:y^2=x^3-3x+1 \pmod 7$ 的所有点。
3. 求满足方程 $E:y^2=x^3+3x+2 \pmod 7$ 的所有点。
4. 求解同余式 $x^2 \equiv 39 \pmod{105}$。
5. 求解同余式 $x^2 \equiv 301 \pmod{2\ 310}$。
6. 设 $m=999\ 900$，求解同余式 $x^2 \equiv 181 \pmod m$。
7. 设 p 是奇素数，证明：同余式 $x^2=-3 \pmod p$ 有解的充要条件是 $p \equiv 1 \pmod p$。
8. 求下列同余方程的解数：

(1) $x^2 \equiv -2 \pmod{67}$

(2) $x^2 \equiv 2 \pmod{67}$

(3) $x^2 \equiv -2 \pmod{37}$

(4) $x^2 \equiv 2 \pmod{37}$

9. 判断下列同余方程是否有解：

(1) $x^2 \equiv 7 \pmod{227}$

(2) $x^2 \equiv 11 \pmod{511}$

(3) $11x^2 \equiv -6 \pmod{91}$

(4) $5x^2 \equiv -14 \pmod{6\,193}$

10. 证明：下列形式的素数均有无穷多个，$8k-1$，$8k+3$，$8k-3$。

11. 证明：对任意素数 p，必有整数 a，b，c，d，使得

$$x^4+1 \equiv (x^2-ax+b)(x^2+cx+d) \pmod{p}$$

12. 证明：对任意素数 p，下列同余式有解

$$(x^2-2)(x^2-17)(x^2-34) \equiv 0 \pmod{p}$$

13. 设 $p=401$，求解下列同余式

(1) $x^2=2 \pmod{p}$

(2) $x^2=3 \pmod{p}$

(3) $x^2=5 \pmod{p}$

(4) $x^2=7 \pmod{p}$

(5) $x^2=11 \pmod{p}$

14. 设 $p=1\,069$，求解 $x^2+y^2=p$。

15. 设 $p=1\,117$，求解方程 $x^2+y^2=p$。

16. 设 $p=201\,101$，求解方程 $x^2+y^2=p$。

17. 证明：同余方程组 $\begin{cases} x \equiv a_1 & \pmod{m_1} \\ x \equiv a_2 & \pmod{m_2} \end{cases}$ 有解当且仅当 $(m_1,m_2) \mid (a_1-a_2)$。并证明若有解，该解模 $([m_1,m_2])$ 是唯一的。

18. 设 $m_1=9$，$m_2=10$，$m_3=11$，$m=m_1 \cdot m_2 \cdot m_3$。

求解同余式组 $\begin{cases} x \equiv b_1 & \pmod{m_1} \\ x \equiv b_2 & \pmod{m_2} \\ x \equiv b_3 & \pmod{m_3} \end{cases}$

19. 设 $m_1=7$，$m_2=9$，$m_3=10$，$m=m_1 \cdot m_2 \cdot m_3$。

求解同余式组 $\begin{cases} x \equiv b_1 & \pmod{m_1} \\ x \equiv b_2 & \pmod{m_2} \\ x \equiv b_3 & \pmod{m_3} \end{cases}$

20. 设 $m_1=7$，$m_2=9$，$m_3=10$，$m_4=11$，$m=m_1 \cdot m_2 \cdot m_3$。

求解同余式组 $\begin{cases} x \equiv b_1 & \pmod{m_1} \\ x \equiv b_2 & \pmod{m_2} \\ x \equiv b_3 & \pmod{m_3} \\ x \equiv b_4 & \pmod{m_4} \end{cases}$

21. 将同余式方程化为同余式组来求解。

(1) $23x \equiv 1 \pmod{140}$

(2) $17x \equiv 229 \pmod{1\,540}$

22. 求解同余式 $3x^{14}+4x^{13}+2x^{11}+x^9+x^6+x^3+12x^2+x \equiv 0 \pmod{7}$。

23. 求解同余式 $f(x) \equiv x^4+7x+4 \equiv 0 \pmod{243}$。

24. 证明同余方程 $2x^3-x^2+3x+11 \equiv 0 \pmod{5}$ 有 3 个解。

第 6 章　指数与原根

指数和原根是数论及其应用中重要的概念,抽象代数中循环群的概念就与此紧密相关。同时,原根在 ElGamal 密码算法、DH 密钥交换协议、椭圆曲线密码学和数字签名理论中有广泛的应用。本章将进一步讨论同余式

$$x^n \equiv a(\bmod m)$$

讨论模 m 指数和原根,详细介绍基本 ElGamal 加密体制的原理及实现。

6.1　指数及其基本性质

6.1.1　指数

定义 6.1(指数、原根的定义)　设 $m>1$ 是整数,a 是与 m 互素的正整数,则使得

$$a^e \equiv 1(\bmod m)$$

成立的最小正整数 e 叫作 a 对模 m 的指数,记作$ord_m(a)$。如果 a 对模 m 的指数是 $\varphi(m)$,则 a 叫作模 m 的原根。

注　根据定义,只能逐个计算

$$a^k(\bmod m),k=1,2,\cdots\cdots,e$$

来确定 a 模 m 的指数 $e=ord_m(a)$。

例 6.1　设整数 $m=9=3^2$,这时 $\varphi(9)=6$。有

$$1^1 \equiv 1,2^3=8\equiv -1,4^3=64\equiv 1$$

$$5^3 \equiv (-4)^3 \equiv -1,7^3 \equiv (-2)^3 \equiv 1,8^2 \equiv (-1)^2 \equiv 1(\bmod 9)$$

其成表见表 6.1。

表 6.1

a	1	2	4	5	7	8
$ord_m(a)$	1	6	3	6	3	2

因此,2 和 5 是模 9 的原根。

6.1.2　指数的基本性质

现在讨论指数的性质。

定理 6.1(指数的基本性质)　设 $m>1$ 是整数,a 是与 m 互素的整数,则整数 d 使得

$$a^d \equiv 1 \pmod m$$

的充分必要条件是

$$ord_m(a) \mid d$$

证明：

（充分性）设

$$ord_m(a) \mid d$$

成立，那么存在整数 q 使得 $d = q \cdot ord_m(a)$。

因此，有

$$a^d = (a^{ord_m(a)})^q \equiv 1 \pmod m$$

（必要性）（反证法）若 $ord_m(a) \mid d$ 不成立，则由欧几里得除法定理，存在整数 q,r 使得

$$d = q \cdot ord_m(a) + r, 0 < r < ord_m(a)$$

从而

$$a^r = (a^{ord_m(a)})^q \cdot a^r = a^d \equiv 1 \pmod m$$

这与$ord_m(a)$的最小性矛盾。故$ord_m(a) \mid d$ 成立。

证毕。

推论　设 $m > 1$ 是整数，a 是与 m 互素的整数，则

$$ord_m(a) \mid \varphi(m)$$

证明：

根据欧拉定理，有

$$a^{\varphi(m)} \equiv 1 \pmod m$$

根据定理6.1，可得$ord_m(a) \mid \varphi(m)$。

证毕。

注　根据推论的 $ord_m(a) \mid \varphi(m)$ 公式，整数 a 模 m 的指数 $ord_m(a)$ 是 $\varphi(m)$ 的因数，所以可以在 $\varphi(m)$ 的因数中求 $ord_m(a)$。与根据指数的定义求指数 $ord_m(a)$ 相比，其运算效率提高了许多。

例6.2　求整数5模17的指数$ord_{17}(5)$。

解：

因为 $\varphi(17) = 16$，所以只需对16的因数 $d = 1,2,4,8,16$，计算 $a^d \pmod m$。因为

$$5^1 \equiv 5, 5^2 \equiv 25 \equiv 8, 5^4 \equiv 64 \equiv 13 \equiv -4$$

$$5^8 \equiv (-4)^2 \equiv 16 \equiv -1$$

$$5^{16} \equiv (-1)^2 \equiv 1 \pmod{17}$$

所以$ord_{17}(5) = 16$。这说明5是模17的原根。

推论（奇素数指数定理）　设 p 是奇素数，且$\frac{p-1}{2}$也是素数。如果 a 是一个模 p 不为0，1，-1 的整数，则

$$ord_p(a) = \frac{p-1}{2} \text{ 或 } p-1$$

证明：

根据欧拉定理，有

$$a^{\varphi(p)} \equiv 1 \pmod p$$

根据前一个推论，整数 a 模 p 的指数 $ord_p(a)$ 是

$$\varphi(p) = 1 \cdot (p-1) = 2 \cdot \frac{p-1}{2}$$

的因数，但 $ord_p(a) \neq 2$，所以

$$ord_p(a) = \frac{p-1}{2} \text{或} p-1$$

证毕。

推论（三个指数的基本性质） 设 $m>1$ 是整数，a 是与 m 互素的整数。则

(1)若 $b \equiv a \pmod m$，则 $ord_m(b) = ord_m(a)$；

(2)设 a^{-1} 使得 $a^{-1} \cdot a \equiv 1 \pmod m$，则 $ord_m(a^{-1}) = ord_m(a)$。

例 6.3 整数 39 模 17 的指数为 $ord_{17}(39) = ord_{17}(5) = 16$。整数 7 模 17 的指数为 16。因为 $5^{-1} \equiv 7 \pmod m$。

定理 6.2（指数与简化剩余系） 设 $m>1$ 是整数，a 是与 m 互素的整数。则

$$1 = a^0, a, \cdots, a^{ord_m(a)-1}$$

模 m 两两不同余。特别地，当 a 是模 m 的原根，即 $ord_m(a) = \varphi(m)$ 时，这 $\varphi(m)$ 个数

$$1 = a^0, a, \cdots, a^{\varphi(m)-1}$$

组成模 m 的简化剩余系。

例 6.4 整数 $5^k | k = 0, \cdots, 15$ 组成模 17 的简化剩余系。进一步，查表计算 $7 \times 13 \pmod{17}$。

解：

计算如下：

$$5^0 \equiv 1, 5^1 \equiv 5, 5^2 = 25 \equiv 8$$

$$5^3 \equiv 5 \cdot 8 \equiv 6, 5^4 \equiv 8^2 \equiv 13, 5^5 \equiv 5 \cdot 13 \equiv 14$$

$$5^6 \equiv 6^2 \equiv 2, 5^7 \equiv 5 \cdot 2 \equiv 10, 5^8 \equiv 5 \cdot 10 \equiv 50 \equiv 16 \equiv -1$$

$$5^9 \equiv 5 \cdot (-1) \equiv 12, 5^{10} \equiv (-1) \cdot 8 \equiv 9, 5^{11} \equiv (-1) \cdot 6 \equiv 11$$

$$5^{12} \equiv (-1) \cdot 13 \equiv 4, 5^{13} \equiv (-1) \cdot 14 \equiv 3, 5^{14} \equiv (-1) \cdot 2 \equiv 15$$

$$5^{15} \equiv (-1) \cdot 10 \equiv 7 \pmod{17}$$

其列表见表 6.2。

表 6.2 5 模 17 的指数表

5^0	5^1	5^2	5^3	5^4	5^5	5^6	5^7	5^8	5^9	5^{10}	5^{11}	5^{12}	5^{13}	5^{14}	5^{15}
1	5	8	6	13	14	2	10	16	12	9	11	4	3	15	7

进一步，有

$$7 \cdot 13 \equiv 5^{15} \cdot 5^4 = 5^{19} \equiv 5^3 \equiv 6 \pmod{17}$$

定理 6.3（指数相同定理） 设 $m>1$ 是整数，a 是与 m 互素的整数。则

$$a^d \equiv a^k \pmod m$$

的充分必要条件为

$$d \equiv k(\bmod\ ord_m(a))$$

证明:

根据欧几里得除法,存在整数 q,r 和 q',r' 使得

$$d = ord_m(a)q + r, 0 \leqslant r < ord_m(a)$$

$$k = ord_m(a)q' + r', 0 \leqslant r' < ord_m(a)$$

又 $a^{ord_m(a)} \equiv 1(\bmod\ m)$,故

$$a^d \equiv (a^{ord_m(a)})^q \cdot a^r \equiv a^r$$

同理

$$a^k \equiv a^{r'}(\bmod\ m)$$

(必要性)若 $a^d \equiv a^k$,则

$$a^r \equiv a^{r'}(\bmod\ m)$$

得 $r = r'$,故

$$d \equiv k(\bmod\ ord_m(a))$$

(充分性)若 $d \equiv k(\bmod\ ord_m(a))$,则 $r = r'$,$a^d \equiv a^k(\bmod\ m)$。因此,定理成立。

证毕。

例 6.5　$2^{1\,000\,000} \equiv 2^{10} \equiv 100(\bmod\ 231)$。

因为整数 2 模 231 的指数为 $ord_{231}(2) = 30$,所以 $1\,000\,000 \equiv 10(\bmod\ 30)$。

例 6.6　$2^{2\,002} \equiv 2^1 \equiv 2(\bmod\ 7)$。

因为整数 2 模 7 的指数为 $ord_7(2) = 3$,所以 $2\,002 \equiv 1(\bmod\ 3)$ 。

定理 6.4 (幂原根)　设 $m > 1$ 是整数,a 是与 m 互素的整数。设 $d \geqslant 0$ 为整数。则

$$ord_m(a^d) = \frac{ord_m(a)}{(d, ord_m(a))}$$

证明:

因为

$$a^{d \cdot ord_m(a^d)} = (a^d)^{ord_m(a^d)} \equiv 1(\bmod\ m)$$

根据定理 6.1,有 $ord_m(a) \mid d \cdot ord_m(a^d)$

从而

$$\frac{ord_m(a)}{(ord_m(a), d)} \mid ord_m(a^d) \cdot \frac{d}{(ord_m(a), d)}$$

因为

$$\left(\frac{ord_m(a)}{(ord_m(a), d)}, \frac{d}{(ord_m(a), d)}\right) = 1$$

根据定理 6.1 的推论,有

$$\frac{ord_m(a)}{(ord_m(a), d)} \mid ord_m(a^d)$$

另外,由于

$$(a^d)^{\frac{ord_m(a)}{(ord_m(a), d)}} = (a^{ord_m(a)})^{\frac{d}{(ord_m(a), d)}} \equiv 1(\bmod\ m)$$

有$ord_m(a^d) \mid \frac{ord_m(a)}{(ord_m(a),d)}$。

因此，可得

$$ord_m(a^d)=\frac{ord_m(a)}{(d,ord_m(a))}$$

证毕。

例 6.7 整数 $5^2 \equiv 8 \pmod{17}$ 模 17 的指数为$ord_{17}(5^2)=\frac{ord_{17}(5)}{(2,ord_{17}(5))}=8$。

推论 设 $m>1$ 是整数，g 是模 m 的原根。设 $d \geqslant 0$ 为整数，则 g^d 是模 m 的原根，当且仅当$(d,\varphi(m))=1$。

证明：

根据定理 6.4，可得

$$ord_m(g^d)=\frac{ord_m(g)}{(ord_m(g),d)}=\frac{\varphi(m)}{(\varphi(m),d)}$$

根据原根的定义，g^d 是模 m 的原根当且仅当$(d,\varphi(m))=1$。

证毕。

推论 设 $m>1$ 是整数，a 是与 m 互素的整数。设 $k \mid ord_m(a)$ 为正整数，则使得

$$ord_m(a^d)=k, 1 \leqslant d \leqslant ord_m(a)$$

正整数 d 满足$\frac{ord_m(a)}{k} \mid d$，且这样 d 的个数为 $\varphi(k)$。

证明：

根据定理 6.1，有

$$k=ord_m(a^d)=\frac{ord_m(a)}{(ord_m(a),d)}$$

所以

$$(d,ord_m(a))=\frac{ord_m(a)}{k}$$

因此，$\frac{ord_m(a)}{k} \mid d$。再令

$$d=q \cdot \frac{ord_m(a)}{k}, 1 \leqslant q \leqslant k$$

由

$$ord_m(a^d)=\frac{ord_m(a)}{(ord_m(a),d)}=\frac{ord_m(a)}{\left(ord_m(a),q \cdot \frac{ord_m(a)}{k}\right)}=\frac{k}{(k,q)}$$

得到$ord_m(a^d)=k$ 的充要条件是$(q,k)=1$。因此，d 的个数为 $\varphi(k)$。

证毕。

定理 6.5（原根个数） 设 $m>1$ 是整数。如果模 m 存在一个原根 g，则模 m 有 $\varphi(\varphi(m))$个不同的原根。

证明：

设 g 是模 m 的一个原根，根据定理6.2，$\varphi(m)$ 个整数

$$g^0=1,g,\cdots,g^{\varphi(m)-1}$$

构成模 m 的一个简化剩余系。又根据定理6.4的推论，d 是模 m 的原根当且仅当

$$(d,\varphi(m))=1$$

由于在 $0,1,\cdots,\varphi(m)-1$ 个数中，这样的 d 共有 $\varphi(\varphi(m))$ 个，因此模 m 有 $\varphi(\varphi(m))$ 个不同的原根。

证毕。

推论　设 $m>1$ 是整数，且模 m 存在一个原根。设

$$\varphi(m)=p_1^{a_1}\cdots p_s^{a_s},a_i>0,i=1,\cdots,s$$

则与 m 互素的整数 a 是模 m 原根的概率为

$$\frac{\varphi(\varphi(m))}{\varphi(m)}=\prod_{i=1}^{s}(1-\frac{1}{p_i})$$

证明：

根据定理6.5，与 m 互素的整数 a 是模 m 原根的数量为

$$\varphi(\varphi(m))$$

又根据欧拉函数 $\varphi(m)$ 的性质以及 $\varphi(m)$ 的素因素分解表达式，有

$$\frac{\varphi(\varphi(m))}{\varphi(m)}=\prod_{i=1}^{s}(1-\frac{1}{p_i})$$

因此，结论成立。

证毕。

例6.8　求出模17的所有原根。

解：

可以算出，5是模17的原根。再由定理6.5，得到 $\varphi(\varphi(17))=\varphi(16)=8$ 个整数

$$5,5^3\equiv6,5^5\equiv14,5^7\equiv10,5^9\equiv12,5^{11}\equiv11,5^{13}\equiv3,5^{15}\equiv7(\bmod 17)$$

是模17的全部原根。

6.2　原　　根

6.2.1　模 p 原根

定理6.6(模 p 原根存在性及个数)　设 p 是奇素数，则模 p 的原根存在，且有 $\varphi(p-1)$ 个原根，其中 φ 为欧拉函数。

证明：

(构造性)在模 p 的简化剩余系 $1,\cdots,p-1$ 中，记

$$e_r=ord_p(r),1\leqslant r\leqslant p-1,e=\{e_1,\cdots,e_{p-1}\}$$

那么存在整数 g，使得

$$g^e \equiv 1 \pmod p$$

因此，$e \mid \varphi(p) = p-1$。又因为

$$e^r \mid e, r = 1, \cdots, p-1,$$

从而推出同余式

$$x^e \equiv 1 \pmod p$$

有 $p-1$ 个解，即

$$x \equiv 1, \cdots, p-1 \pmod p$$

则有 $p-1 \leqslant e$，故 g 的指数为 $p-1$，即 g 是模 p 的原根。

最后，根据定理6.4的推论，当 g 为原根时，g^d（其中 $(d,p-1)=1$）也是原根，共有 $\varphi(p-1)$ 个。

（存在性）设 $d \mid p-1$。用 $F(d)$ 表示模 p 的简化剩余系中指数为 d 的元素个数。根据定理6.1的推论，模 p 简化剩余系中每个元素的指数是 $p-1$ 的因数，所以有

$$\sum_{d \mid p-1} F(d) = p-1$$

因为模 p 指数为 d 的元素满足同余式：

$$x^d - 1 \equiv 0 \pmod p$$

则同余式 $x^d - 1 \equiv 0 \pmod p$ 有 d 个模 p 不同的解。

现在，若 a 是模 p 指数为 d 的元素，则同余式 $x^d - 1 \equiv 0 \pmod p$ 的解可以表示成

$$x \equiv a^0, a, \cdots, a^{d-1}$$

根据定理6.4，这些数中有 $\varphi(d)$ 个指数为 d 的元素。

因此，$F(d) = \varphi(d)$。而若没有模 p 指数为 d 的元素，则 $F(d) = 0$。

总之，有

$$F(d) \leqslant \varphi(d)$$

又有

$$\sum_{d \mid p-1} \varphi(d) = p-1$$

可以推出

$$\sum_{d \mid p-1} (\varphi(d) - F(d)) = 0$$

因此，对所有正整数 $d \mid p-1$，有

$$F(d) = \varphi(d)$$

特别地，有

$$F(p-1) = \varphi(p-1)$$

这说明存在模 p 指数为 $p-1$ 的元素，即模 p 的原根存在。

证毕。

推论 设 p 是奇素数，d 是 $p-1$ 的正因数，则模 p 指数为 d 的元素存在。

证明：

从定理6.6证明的关系式 $F(p-1) = \varphi(p-1)$，即可推出结论。

证毕。

定理6.7（g 是模 p 原根的充要条件） 设 p 是奇素数，$p-1$ 的所有不同素因数是 q_1，

$\cdots,q_s$，则 g 是模 p 原根的充要条件为

$$g^{\frac{p-1}{q_i}} \not\equiv 1 \pmod m, i=1,\cdots,s$$

证明：

设 g 是 p 的一个原根，则 g 对模 p 指数是 $p-1$。但

$$0<\frac{p-1}{q_i}<p-1, i=1,\cdots,s$$

则有

$$g^{\frac{p-1}{q_i}} \not\equiv 1 \pmod m, i=1,\cdots,s$$

即

$$g^{\frac{p-1}{q_i}} \not\equiv 1 \pmod p, i=1,\cdots,s$$

反过来，若 g 满足

$$g^{\frac{p-1}{q_i}} \not\equiv 1 \pmod m, i=1,\cdots,s$$

但对模 p 的指数 $e=ord_p(g)<p-1$。则根据定理6.1，有 $e\mid p-1$。因而存在一个素数 q 和一个整数 u，使得 $q\mid\frac{p-1}{e}$，即

$$\frac{p-1}{e}=u\cdot q \text{ 或 } \frac{p-1}{q}=u\cdot e$$

进而

$$g^{\frac{p-1}{q}}=(g^e)^u\equiv 1 \pmod p$$

与假设

$$g^{\frac{p-1}{q_i}} \not\equiv 1 \pmod m, i=1,\cdots,s$$

矛盾。

证毕。

例6.9　求模 $p=43$ 的所有原根。

解：

因为 $p-1=42=2\cdot 3\cdot 7, q_1=2, q_2=3, q_3=7$，因此，$\frac{p-1}{q_1}=21, \frac{p-1}{q_2}=14, \frac{p-1}{q_3}=6$。只需验证

$$g^{\frac{p-1}{q_i}} \not\equiv 1 \pmod m, i=1,\cdots,s$$

即 g^{21},g^{14},g^{6} 模 m 是否同余于1。

对 $g=2,3,5,\cdots$ 逐个验算：

$$2^2\equiv 4, 2^4\equiv 16, 2^6\equiv 64\equiv 21, 2^7\equiv 21\cdot 2\equiv -1$$

$$2^{14}\equiv 1, 3^2\equiv 9, 3^4\equiv 81\equiv -5, 3^6\equiv 9\cdot(-5)\equiv -2$$

$$3^7\equiv -6, 3^{14}\equiv(-6)^2\equiv 36, 3^{21}\equiv(-6)\cdot 36\equiv -1 \pmod{43}$$

因此，$g=3$ 是模 $p=43$ 的原根。

进一步，当 $(d,p-1)=1$ 时，d 遍历模 $p-1=42$ 的简化剩余系：

$$1,5,11,13,17,19,23,25,29,31,37,41$$

共 $\varphi(p-1)=12$ 个数时，g^d 遍历模 43 的所有原根：

$$g^1 \equiv 3, g^5 \equiv 28, g^{11} \equiv 30, g^{13} \equiv 12, g^{17} \equiv 26, g^{19} \equiv 19, g^{23} \equiv 34$$

$$g^{25} \equiv 5, g^{29} \equiv 18, g^{31} \equiv 33, g^{37} \equiv 20, g^{41} \equiv 29 \pmod{43}$$

下面来演示一下怎么求出给定素数的所有原根。其中，函数 primeRoots( )是根据定理 6.4 来求原根，函数 quickPrimeRoots( )是根据定理 6.4 的推论求原根的快速方法。

```
1.# - * - coding: utf -8 - * -
2.def gcd(a, b):
3.    while b ! = 0:
4.        a, b = b, a % b
5.    return a
6.
7.def primeRoots(modulo):
8.    roots = []
9.    required_set = set()
10.    for num in range(1, modulo):
11.        if gcd(num, modulo) = = 1:
12.            required_set.add(num)
13.
14.    for g in range(1, modulo):
15.        actual_set = set()
16.        for powers in range(1, modulo):
17.            actual_set.add(pow(g, powers)% modulo)
18.        if required_set = = actual_set:
19.            roots.append(g)
20.    return roots
21.
22.def quickPrimeRoots(modulo):
23.    coPri_set = set()
24.    for num in range(1, modulo):
25.        if gcd(num, modulo) = = 1:
26.            coPri_set.add(num)
27.    primefactors = []
28.
29.    for num in range(1, modulo - 1):
30.        isPrime = 1
31.        for i in range(2, num):
32.            if (num % i) = = 0:
33.                isPrime = 0
```

```
34.                 break
35.         if gcd(modulo -1, num)! = 1 and isPrime = = 1:
36.             primefactors.append(num)
37.     roots = []
38.     for g in coPri_set:
39.         isRoots = 1
40.         for q in primefactors:
41.             if pow(g, (modulo - 1)/q)% modulo = = 1:
42.                 isRoots = 0
43.         if isRoots = = 1:
44.             roots.append(g)
45.
46.     return roots
47.
48.
49.if __name__ = = "__main__":
50.     p = 23
51.     primitive_roots = primeRoots(p)
52.     print(primitive_roots)
53.     primitive_roots = quickPrimeRoots(p)
54.     print(primitive_roots)
```

给定素数 $p=23$，由以上两种方法均可得到其原根[5,7,10,11,14,15,17,19,20,21]。运行结果如图 6.1 所示。

```
[5, 7, 10, 11, 14, 15, 17, 19, 20, 21]
[5, 7, 10, 11, 14, 15, 17, 19, 20, 21]
```

图 6.1　求素数 $p=23$ 的所有原根运行结果

如果输入的 p 值超出一定范围，程序输出的结果就是错误的，这是因为程序中第 17 和第 41 行的求幂运算产生了溢出，可以采用快速模运算方法解决这个问题。

6.2.2　模 p^a 原根

定理 6.8（模 p^2 的原根）　设 g 是模 p 的一个原根，则 g 或者 $g+p$ 是模 p^2 原根。

定理 6.9（构造模 p^a 的原根）　设 p 是一个奇素数，则对任意正整数 a，模 p^a 的原根存在。更确切地说，如果 g 是模 p^2 的一个原根，则对任意正整数 a，g 是模 p^a 的原根。

定理 6.10　设 $a\geqslant 1$，g 是模 p^a 的一个原根，则 g 与 $g+p^a$ 中的奇数是模$2p^a$ 的一个原根。

例 6.10　设 $m=43^2=1\ 849$，求模 m 的原根。

解:

已知 3 是模 $p=43$ 的原根。根据定理 6.8，可知 3 或者 $3+43=46$ 是模的原根。事实上，有

$$g^{p-1}=3^{43-1}\equiv 87\equiv 1+2\cdot 43(\bmod 43^2)$$

$$(g+p)^{p-1}=46^{42}\equiv 689\equiv 1+16\cdot 43(\bmod 43^2)$$

因此，$g=3$ 和 $g+p=46$ 都是模 $m=p^2$ 的原根，也都是模 $m=p^a$ 的原根。

6.2.3 模 m 原根

定理 6.11（模 m 原根） 模 m 的原根存在的充要条件是 $m=2,4,p^a,2p^a$，其中 p 是奇素数。

例 6.11 设 $m=43$，求模 m 的所有整数的指数表。

解:

模 $m=43$ 的指数表见表 6.3。

表 6.3 模 $m=43$ 的指数表

a	*order*	*a*	*order*	*a*	*order*	*a*	*order*	*a*	*order*
1	1	11	7	21	7	31	21	41	7
2	14	12	42	22	14	32	14	42	2
3	42	13	21	23	21	33	42		
4	7	14	21	24	21	34	42		
5	42	15	21	25	21	35	7		
6	3	16	7	26	42	36	3		
7	6	17	21	27	14	37	6		
8	14	18	42	28	42	38	21		
9	21	19	42	29	42	39	14		
10	21	20	42	30	42	40	21		

例 6.12 求模 $m=53$ 的原根。

解:

设 $m=53$，则

$$\varphi(m)=\varphi(53)=2^2\cdot 13, q_1=2, q_2=13$$

因此

$$\frac{\varphi(m)}{q_1}=26, \frac{\varphi(m)}{q_2}=4$$

这样，只需验证 g^{26}，g^4 模 m 是否同余于 1。对 2，3，…逐个验算：

$$2^2\equiv 4, 2^4\equiv 16, 2^8\equiv 44, 2^{12}\equiv 15$$

$$2^{13}\equiv 30, 2^{26}\equiv 52\equiv -1(\bmod 53)$$

因此，$g=2$ 是模 $m=53$ 的原根。

例6.13　求模 $m=61$ 的原根。

解：

设 $m=61$，则

$$\varphi(m)=\varphi(61)=2^2\cdot 3\cdot 5, q_1=2, q_2=3, q_3=5$$

因此

$$\frac{\varphi(m)}{q_1}=30, \frac{\varphi(m)}{q_2}=20, \varphi(m)/q_3=12$$

这样，只需验证 g^{30}，g^{20}，g^{12} 模 m 是否同余于1。对2，3，…逐个验算：

$$2^{30}\equiv 60, 2^{20}\equiv 47, 2^{12}\equiv 9 \pmod{61}$$

因此，$g=2$ 是模 $m=61$ 的原根。

6.3　ElGamal 密码体制

本节讨论的密码体制是基本的 ElGamal 公钥密码体制。此加密算法是一个基于迪菲-赫尔曼密钥交换的非对称加密算法。它在1985年由塔希尔·盖莫尔提出。加密算法由三部分组成：密钥生成、加密和解密。

6.3.1　基本流程

首先选择一素数 p 以及两个小于 p 的素数 g 和 x，计算

$$y\equiv g^x \pmod p$$

以 (y,g,p) 作为公钥，x 为私钥。

当加密明文为消息 M 时，随机选一个与 $p-1$ 互素的整数

$$r, 0\leqslant r\leqslant p-1$$

计算密文对

$$C=\{C_1, C_2\}$$

发送 C 到接收者。

其中：

$$C_1\equiv g^r \pmod p, C_2\equiv y^r M \pmod p$$

计算明文的方法为

$$M=\frac{C_2}{C_1^x} \pmod p$$

因为

$$\frac{C_2}{C_1^x}=\frac{y^r M}{g^{rx}}=\frac{y^r M}{y^r}=M \pmod p$$

下面通过一个例子来说明加密及解密方法的正确性。

例6.14　选择 $p=97$ 及本原根 $g=5$。接收者 Bob 选择私钥 $x=58$，计算并公开公钥

$$y=g^k=5^{58}=44 \pmod{97}$$

解：

Alice 要加密 $M=3$ 发送给 Bob。首先得到 Bob 的公钥 $y=44$，随机选择 $r=36$。

计算密文对：

$$C_1=g^r=5^{36}=50(\bmod 97)$$

$$C_2=y^r*M=44^{36}\cdot 3=75\cdot 3=31(\bmod 97)$$

发送$(C_1,C_2)\{50,31\}$给 Bob。

Bob 解密信息：

$$C_1^{-1}=50^{58-1}(\bmod 97)=75^{-1}(\bmod 97)=22(\bmod 97)$$

恢复明文

$$M=C_2*C_1^{-1}(\bmod 97)=31*22(\bmod 97)=3(\bmod 97)$$

6.3.2 具体实现

下面，通过 python 来实现 ElGamal 加解密。其中，函数 encrypt( )进行公钥加密；函数 decrypt( )进行私钥解密；函数 extend_gcd( )求乘法逆元并返回各自逆元和最大公约数；函数 get_public_key( )计算得到公钥 y；函数 is_prime( )判断一个数是否为素数；函数 gcd( )求两个数的最大公约数；函数 get_prime_factor( )计算一个数的不同素因数；函数 get_primitive_root( )计算一个数的最小原根；函数 init( )根据用户输入得到私钥。在这里，只提供一个比较简单的 ELGamal 加解密的代码实现，只做理论讲解之用。

```
1.# - * - coding:utf - 8  - * -
2.import math
3.import random
5.def encrypt(y, g, p, M):
6.'''公钥加密：加密信息 M,返回密文对 C1,C2'''
7.    r =random.randint(0,p -1)
8.    while 1 ! = gcd(r, p -1):
9.        r =random.randint(0,p -1)
10.    C1 = (g* *r)% p
11.    C2 = ((y* *r) *M)% p
12.    return C1, C2
13.
14.def decrypt(x, p, C1, C2):
15.    '''''私钥解密：解密密文对 C1, C2 得到信息 M'''
16.    C1_temp = (C1 * *x)% p
17.    C1_inverse =extend_gcd(C1_temp, p)[0]
18.    M = (C2 *C1_inverse)% p
19.return M
20.
21.def extend_gcd(dividend, divisor):
```

```
22.     '''求乘法逆元:返回各自逆元和最大公约数'''
23.     if divisor = =0:
24.         return 1, 0, dividend
25.     x2, y2, remainder =extend_gcd(divisor, dividend % divisor)
26.     temp = x2
27.     x1 = y2
28.     y1 = temp - (dividend //divisor) * y2
29.     return x1, y1, remainder
31.def get_public_key(x, g, p):
32.     '''得到公钥 y'''
33.     y = (g* *x)% p
34.     return y
35.
36.def is_prime(num):
37.     '''判断是否为素数'''
38.     if num = = 2 or num = = 3:
39.         return True
40.     if num% 6 ! = 1 and num% 6 ! = 5:
41.         return False
42.     for i in range(5, int(math.sqrt(num)) +1, 6):
43.         if num % i = = 0 or num % (i +2) = = 0:
44.             return False
45.     return True
47.def gcd(m, n):
48.     '''求最大公约数'''
49.     if m < n:
50.         m, n = n, m
51.     if n = =1 or m = =n +1 or m = =2 * n +1 or m = =2 * n -1 or is_prime(m) = =
True:
52.         return 1
53.     if n = = 0:
54.         return m
55.     else:
56.         return gcd(n, m% n)
58.def get_prime_factor(num):
59.     '''得到不同的素因子'''
60.     prime_factor = []
61.     while num % 2 = = 0:
62.         if 2 not in prime_factor:
63.             prime_factor.append(2)
```

```
64.         num //= 2
65.     for i in range(3, int(math.sqrt(num)) +1, 2):
66.         while num % i = = 0:
67.             if i not in prime_factor:
68.                 prime_factor.append(i)
69.             num //=i
70.     if num > 2:
71.         prime_factor.append(num)
72.     return prime_factor
74.def get_primitive_root(num):
75.     '''''得到原根的最小值'''
76.     prime_list = get_prime_factor(num -1)
77.     for g in range(2, num):
78.         flag = 0
79.         for i in prime_list:
80.             if g * *((num -1)//i)% num = = 1:
81.                 flag = 1
82.                 break
83.         if flag = = 0:
84.             return g
85.     return False
87.def init():
88.     p = int(input('输入素数 p:'))
89.     while is_prime(p) = = False:
90.         p = int(input('输入素数 p:'))
91.     g =get_primitive_root(p)
92.     x = int(input('输入私钥 x(x<p -1):'))
93.     while x > = p -1:
94.         x = int(input('输入私钥 x(x<p -1):'))
95.     return x, g, p
97.if __name__ = = "__main__":
98.     x, g, p =init()
99.     y =get_public_key(x, g, p)
100.     print('公钥:(% d, % d, % d)' % (y, g, p))
101.     while True:
102.         M = int(input('传送的信息 M(0 <M<p):'))
103.         while M not in range(1, p):
104.             M = int(input('传送的信息 M(0 <M<p):'))
105.         C1, C2 =encrypt(y, g, p, M)
106.         print('公钥加密:加密信息 M,返回密文对 C1,C2:',C1, C2)
107.         print('私钥解密: 解密密文对 C1, C2 得到信息 M:', decrypt(x, p, C1, C2))
```

图 6.2 和图 6.3 是两次执行上述代码的结果。

(1)输入素数 $p=179$,私钥 $x=157$,计算得公钥:(164,2,179),设置传送的明文消息 $M=55$,用公钥进行加密,返回密文对 $C1,C2=128,64$,最后用私钥对密文对 $C1,C2$ 进行解密得到明文 M 为 55。运行结果如图 6.2 所示。

```
输入素数p: >> 179
输入私钥x(x<p-1): >> 157
公钥:(164, 2, 179)
传送的信息M(0<M<p):>> 55
公钥加密:加密信息M,返回密文对C1,C2: 128 64
私钥解密: 解密密文对C1, C2得到信息M: 55
```

图 6.2　第一次执行 ElGamal 加解密运行结果

(2)输入素数 $p=223$,私钥 $x=157$,计算得公钥:(71,3,223),设置传送的明文消息 $M=88$,用公钥进行加密,返回密文对 $C1,C2=159,116$,最后用私钥对密文对 $C1,C2$ 进行解密得到明文 M 为 88。运行结果如图 6.3 所示。

```
输入素数p: >> 223
输入私钥x(x<p-1): >> 157
公钥:(71, 3, 223)
传送的信息M(0<M<p):>> 88
公钥加密:加密信息M,返回密文对C1,C2: 159 116
私钥解密: 解密密文对C1, C2得到信息M: 88
```

图 6.3　第二次执行 ElGamal 加解密运行结果

习　　题

1. 计算 2,5,10 模 13 的指数。
2. 计算 3,7,10 模 19 的指数。
3. 求模 81 的原根。
4. 证明:不存在模 55 的原根。
5. 问模 47 的原根有多少个?求出模 47 的所有原根。
6. 问模 59 的原根有多少个?求出模 59 的所有原根。
7. 设 $m>1$ 是整数,a 是与 m 互素的整数,假如 $ord_m(a)=st$,那么 $ord_m(a^s)=t$。
8. 设 p 和 $\frac{p}{2}$ 都是素数,a 是与 p 互素的正整数,如果 $a\neq 1,a^2\neq 1,a^{\frac{p-1}{2}}\neq 1\pmod{p}$,则 a 是模 p 的原根。

9. 求模 113 的原根。

10. 求模113^2 的原根。

11. 设 n 是正整数,如果存在一个整数 a 使得 $a^{n-1}\equiv 1\pmod{n}$ 以及 $a^{\frac{n-1}{q}}\not\equiv 1\pmod{n}$,对 $n-1$ 的所有素因数 q,则 n 是一个素数。

12. 求解同余式 $x^{22}\equiv 5\pmod{41}$。

13. 求解同余式 $x^{22}\equiv 29\pmod{41}$。

第 7 章　抽象代数

从本章开始，将分群、环和域三个部分分别介绍抽象代数的基础内容。群、环和域等代数理论是近世代数的基础，对当今数学乃至其他学科有着非常重要的影响，也推动了数论、几何学的发展。与此同时，当代的编码与密码学等信息科学理论的建立与发展也以其为基础。本章主要介绍群的相关内容、子群的概念、群的结构。同时也介绍了环、多项式环和域的基本概念，并以一个典型有限域 $GF(2^n)$ 的概念和实现为例子讲解了域的构造和运算。

7.1　群的基本概念

7.1.1　基本定义

定义 7.1(代数系统)　设 S 是一个非空集合，那么 $S\times S$ 到 S 的映射叫作 S 上的结合法或运算。

$$S\times S\rightarrow S$$
$$(a,b)\rightarrow ab$$

对于这个映射，元素对 (a,b) 的像叫作 a 与 b 的乘积，记成 $a\otimes b$、$a\cdot b$ 或 $a*b$ 等，为方便起见，乘积可简记为 ab。这时，$(S,*)$ 叫作代数系统。如果记该结合法为加法，元素对 (a,b) 的像则称为 a 与 b 的和，记作 $a\oplus b$ 或 $a+b$。

定义 7.2(群)　设 G 是一个具有结合法的非空集合。$(G,\cdot)$ 叫作一个群，如果 G 中的结合法满足如下三个条件：

结合律　即对任意的 $a,b,c\in G$，都有 $(ab)c=a(bc)$；

单位元　即存在一个元素 $e\in G$，使得对任意的 $a\in G$，都有 $ae=ea=a$；

可逆性　即对任意的 $a\in G$，都存在 $a'\in G$，使得 $aa'=a'a=e$。

当 G 的结合法写作乘法，G 叫作乘群，当 G 的结合法写作加法时，G 叫作加群。e 称为群 G 的单位元，a' 称为 a 的逆元。

群 G 的元素个数叫作群 G 的阶，记为 $|G|$，当 $|G|$ 为有限数时，G 叫作有限群，否则，G 叫作无限群。

在不引起歧义的情况下，将群 $(G,\cdot)$ 简写为群 G。

如果群 G 中的结合法还满足交换律，即对任意的 $a,b\in G$，都有 $ab=ba$，那么 G 叫作一个交换群或阿贝尔(Abel)群。

定理 7.1(一元方程)　设 G 是一个具有结合法的非空集合，a 和 b 是集合中特定元素，x 和 y 是未知数。如果 G 是一个群，则方程

$$ax=b,ya=b$$

在 G 中有解。

7.1.2 子群及商群

1. 子群及其基本性质

本节将讨论具有运算的子集合。

定义 7.3（子群） 设 H 是群 G 的一个子集合，如果对于群 G 的结合法，H 构成一个群，那么 H 叫作群 G 的子群，记作 $H\leqslant G$。

$H=\{e\}$ 和 $H=G$ 都是群 G 的子群，叫作群 G 的平凡子群。群 G 的非平凡子群 H 叫作群 G 的真子群。

定理 7.2（子群充要条件） 设 H 是群 G 一个非空子集合。则 H 是群 G 的子群的充要条件是：对任意的 $a,b\in H$，有 $ab^{-1}\in H$。

证明：

必要性是显然的。下面来证明充分性。

因为 G 非空，所以 G 中元素 a 根据假设，有 $e=aa^{-1}\in H$。因此，H 中有单位元。对于 $e\in H$ 及任意 a，再应用假设，有 $a^{-1}=ea^{-1}\in H$，即 H 中每个元素 a 在 H 中有逆元。因此，H 是群 G 的子群。

证毕。

定理 7.3 设 G 是一个群，$\{H_i\}_{i\in I}$ 是 G 的一族子群，则 $\bigcap_{i\in I}H_i$ 是 G 的一个子群。

证明：

对任意的 $a,b\in\bigcap_{i\in I}H_i$，有 $a,b\in H_i,i\in I$。因为 H_i 是 G 的子群，由 $ab^{-1}\in H,i\in I$，进而，a，$b^{-1}\in\bigcap_{i\in I}H_i$。所以 $\bigcap_{i\in I}H_i$ 是 G 的一个子群。

证毕。

2. 陪集及其基本性质

类似于模同余分类，人们可以通过群 G 的子群 H 对群 G 进行分类

$$aH=\{c\mid c\in G,a^{-1}c\in H\}$$

定义 7.4（陪集） 设 H 是群 G 的子群，a 是 G 中任意元，那么集合

$$aH=\{ah\mid h\in H\}\ (ha\mid h\in H)$$

分别叫作 G 中 H 的左（对应地右）陪集，aH（对应地 Ha）中的元素叫作 aH（对应地 Ha）的代表元，如果 $aH=Ha$，则 aH 叫作 G 中 H 的陪集。

例 7.1 设 $n>1$ 是整数，则 $H=nZ$ 是 Z 的子群，子集

$$a+nZ=\{a+k\cdot n\mid k\in Z\}$$

就是 nZ 的陪集，这个陪集就是模 n 的剩余类。

推论 设 H 是群 G 的子群，则群 G 可以表示为不相交的左（对应右）陪集的并集。

$$G=\bigcup_{i\in I}a_iH$$

类似于完全剩余类组成新集合，左陪集全体也可组成新集合。

定义 7.5（商集） 设 H 是群 G 的子群，则 H 在 G 中不同左（对应右）陪集组成的新集合。

$$\{aH \mid a \in G\}（对应地\{Ha \mid a \in G\}）$$

叫作 H 中 G 的商集，记作 G/H。

$$G/H = \{aH \mid a \in G\} = \{a_iH \mid i \in I\}$$

3. 陪集的进一步性质

下面考虑群 G 的两个子群组成的集合。

设 G 是一个群，H,K 是 G 的子集。用 HK 表示集合

$$HK = \{hk \mid h \in H, k \in K\}$$

如果写成加法，用 $H+K$ 表示集合

$$HK = \{h+k \mid h \in H, k \in K\}$$

定理 7.4　设 H,K 是交换群 G 的两个子群，则 HK 是 G 的子群。

定理 7.5　设 H,K 是有限群 G 的子群，则 $|HK| = |H||K| / |H \cap K|$。

4. 正规子群和商群

最后，讨论商集 G/H 构成的一个群的条件（H 为正规子群）。

定理 7.6（正规子群）　设 N 是群 G 的子群，如果它满足如下条件：

（1）对任意 $a \in G$，有 $aN = Na$；

（2）对任意 $a \in G$，有 $aNa^{-1} = N$；

（3）对任意 $a \in G$，有 $aNa^{-1} \subset N$，其中 $aNa^{-1} = \{ana^{-1} \mid n \in N\}$。

称 N 为群 G 的正规子群。

定理 7.7（商群）　设 N 是群 G 的正规子群，称 G/N 是由 N 在 G 中的所有（左）陪集组成的集合，对于结合法

$$(aN)(bN) = (ab)N$$

G/N 构成一个群，这个群叫作群 G 对于正规子群 N 的商群。

证明：

首先，要证明结合法的定义不依赖于陪集的代表元选择，即要证明 $aN = a'N, bN = b'N$ 时，$(ab)N = (a'b')N$。事实上，根据定理 7.6，有

$$(ab)N = a(b)N = (ab')N = (aNb') = (aN)b' = (a'N)b' = (a'b')N$$

其次，$eN = N$ 是单位元。事实上，对任意 $a \in G$ 有

$$(aN)(eN) = (ae)N = aN, (eN)(aN) = (ea)N = aN$$

最后，aN 的逆元是 $a\,N'$。事实上

$$(aN)(a^{-1}N) = (aa^{-1})N = eN, (a^{-1}N)(aN) = (aa^{-1})N = eN$$

因此，G/N 构成一个群。

证毕。

7.2　群的结构

这一节的主要内容是介绍循环群和置换群。

7.2.1 循环群

在群论中，循环群是指能由单个元素所生成的群。有限循环群同构于整数同余加法群 Z/nZ，无限循环群则同构于整数加法群。每个循环群都是阿贝尔群，亦即其运算是可交换的。在群论中，循环群的性质已经被研究得较为透彻，是更为复杂的代数研究中常用到的基础工具。

定义 7.6（循环群） 设 $(G,\cdot)$ 为一个群，若存在一个 G 内的元素 g，使得

$$G=<g>=\{g^k,k\in Z\}$$

则称 G 关于运算"·"形成一个循环群。由群 G 内的任意一个元素所生成的群也都是循环群，而且是 G 的子群。

定理 7.8 加群 Z 的每个子群 H 是循环群。并且有 $H=<0>$ 或 $H=<m>=mZ$，其中 m 是 H 中最小的正整数。如果 $H\neq<0>$，则 H 是无限的。

定义 7.7（循环群的阶） 设 G 为一个群，$a\in G$，则子群 $<a>$ 的阶称为元素 a 的阶，记为 $ord(a)$。

定理 7.9 循环群的子群是循环群。

证明：

考虑加群 Z 到循环群 $G=<a>$ 的映射 f。

$$n\mapsto a^n$$

f 是同态映射。对于 G 的子群 H，有 $K=f^{-1}(H)$ 是 Z 的子群。因为 K 为循环群，所以 $H=f(K)$ 是循环群。

证毕。

定理 7.10 设 G 是循环群。

(1) 如果 G 是无限的，则 G 的生成元为 a 和 a^{-1}。

(2) 如果 G 是有限阶 m，则 a^k 是 G 生成元当且仅当 $(k,m)=1$。

定理 7.11 设 G 是有限交换群。对任意元素 $a,b\in G$，若 $(ord(a),ord(b))=1$，则

$$ord(a\cdot b)=ord(a)\cdot ord(b)=1$$

证明：

因为

$$a^{ord(a\cdot b)ord(b)}=a^{ord(a\cdot b)ord(b)}\cdot[b^{ord(b)}]^{ord(a\cdot b)}=[(a\cdot b)^{ord(a\cdot b)}]^{ord(b)}=1$$

由 $ord(a)\mid ord(a\cdot b)ord(b)$。因为 $(ord(a),ord(b))=1$，所以 $ord(a)\mid ord(a\cdot b)$。同理，$ord(b)\mid ord(a\cdot b)$，再有 $(ord(a),ord(b))=1$，得到

$$ord(a)ord(b)\mid ord(a\cdot b)$$

此外，显然有

$$ord(a\cdot b)\mid ord(a)ord(b)$$

故 $ord(a\cdot b)\mid ord(a)ord(b)$。

证毕。

定理 7.12 设 G 是有限交换群。对任意元素 $a,b\in G$，存在 $c\in G$ 使得

$$ord(c)=[ord(a)\cdot ord(b)]$$

7.2.2　置换群

本节进一步研究对称群S_n。

设 $S=1,2,\cdots,n,\sigma$ 是 S 上的一个置换,即 σ 是 S 到自身的一一对应的映射。

$$\sigma:S\to S$$
$$k\mapsto\sigma(k)=i_k$$

因为 k 在 σ 下的像是 i_k,所以可以显式地将 σ 表示成

$$\sigma=\begin{pmatrix}1 & 2 & 3 & \cdots & n\\ \sigma(1) & \sigma(2) & \sigma(3) & \cdots & \sigma(n)\end{pmatrix}=\begin{pmatrix}1 & 2 & 3 & \cdots & n\\ i_1 & i_2 & i_3 & \cdots & i_n\end{pmatrix}$$

σ 当然可写成

$$\sigma=\begin{pmatrix}n & \cdots & 3 & 2 & 1\\ i_n & \cdots & i_3 & i_2 & i_1\end{pmatrix}=\begin{pmatrix}j_1 & j_2 & j_3 & \cdots & j_n\\ i_{j_1} & i_{j_2} & i_{j_3} & \cdots & i_{j_n}\end{pmatrix}$$

其中,$j_1,j_2,j_3,\cdots j_n$ 是 $1,2,3,\cdots,n$ 的一个排列。

σ 的逆元为

$$\sigma^{-1}=\begin{pmatrix}i_1 & i_2 & i_3 & \cdots & i_n\\ 1 & 2 & 3 & \cdots & n\end{pmatrix}$$

定义 7.8　若 X 为有限集,则 $T(X)$ 称为置换群。如果 $|X|=n$,则称 $T(X)$ 为 n 元对称群,记为S_n。

设 $X=\{x_1,x_2,\cdots,x_n\}$,不妨用 $1,2,\cdots,n$ 来表示这 n 个元素;设对称群S_n 中的元素 σ,有 $\sigma(1)=i_1,\sigma(2)=i_2,\cdots,\sigma(n)=i_n$。通常将置换 σ 写成

$$\sigma=\begin{pmatrix}1\ 2\ 3\cdots n\\ i_1\ i_2\ i_3\cdots i_n\end{pmatrix}$$

定义 7.9(循环置换)　设 σ 是集合 $1,2,\cdots,n$ 上的一个置换,若有一个子集合$\{i_1,i_2,\cdots,i_r\}$存在使得

$$\sigma(i_1)=i_2,\sigma(i_2)=i_3,\cdots,\sigma(i_{i-1})=i_r,\sigma(i_r)=i_1$$

此外 σ 保持其他元素不动,则称 σ 是$\{1,2,\cdots,n\}$上的一个循环置换,并将 σ 记为$(i_1i_2\cdots i_r)$。

定义 7.10　如果

$$\sigma=(i_1i_2\cdots i_r),\tau=(k_1k_2\cdots k_s)$$

是两循环置换,如果 $i_1,i_2,\cdots,i_r$ 与 $k_1,k_2,\cdots,k_s$ 没有公共元素,则称 σ 与 τ 是不相交的。若循环置换 σ 与 τ 不相交,则

$$\sigma\tau=\tau\sigma$$

定义 7.11　只含有两个元素的置换又称为对换,而任意一个置换都可表示为若干个对换的乘积。

7.3　环的基本概念

环是由集合 R 和定义于其上的两种二元运算(记作 + 和 ·,常被简称为加法和乘法,

但与一般所说的加法和乘法不同）所构成的，符合一些性质的代数结构。

定义 7.12 集合 R 和定义于其上的二元运算 $+$ 和 $\times$，$(R, +, \times)$ 构成一个环，若它们满足：

(1) $(R, +)$ 形成一个交换群，其单位元称为零元，记作'0'。即：

①$(R, +)$ 是封闭的；

②$a+b=b+a$；

③$(a+b)+c=a+(b+c)$；

④$0+a=a+0=a$；

⑤$\forall a, \exists(-a)$，满足 $a+(-a)=-a+a=0$。

(2) $(R, \times)$ 形成一个半群。即：

①$(R, \times)$ 是封闭的；

②$(a\times b)\times c=a\times(b\times c)$；

(3) 乘法关于加法满足分配律。即：

①$a\times(b+c)=(a\times b)+(a\times c)$；

②$(a+b)\times c=(a\times c)+(b\times c)$。

定理 7.13 设 R 是一个环，则

(1) 对任意 $a\in R$，有 $0a=a0=0$；

(2) 对任意 $a,b\in R$，有 $(-a)b=a(-b)=-ab$；

(3) 对任意 $a,b\in R$，有 $(-a)(-b)=ab$；

(4) 对任意 $n\in Z$，任意 $a,b\in R$，有 $(na)b=a(nb)=nab$；

(5) 对任意 $a_j,b_j\in R$，有

$$\left(\sum_{i=1}^{n} a_i\right)\left(\sum_{j=1}^{m} b_j\right)=\sum_{i=1}^{n}\sum_{j=1}^{m} a_i b_j$$

例 7.2 整数集 Z 是有单位元的交换环。

解：

由于 Z 对于加法 $a+b$ 构成一个交换加群，零元为 0，a 的负元为 $-a$。并且 Z 对于乘法 ab，满足结合律和分配律，还满足交换律，有单位元 1。因此，Z 是有单位元的交换环。

例 7.3 多项式集 $R[x]$ 是有单位元的交换环。

解：

设 $f(x)=a_nx^n+\cdots+a_1x+a_0, g(x)=b_nx^n+\cdots+b_1x+b_0\in R[x]$。

(1) 在 $R[x]$ 上定义加法：

$$(f+g)(x)=(a_n+b_n)x^n+\cdots+(a_1+b_1)x+(a_0+b_0)$$

则 $R[x]$ 对于该加法构成一个交换加群。

零元为 0，$f(x)$ 的负元为 $(-f)(x)=(-a_n)x^n+\cdots+(-a_1)x+(-a_0)$。

(2) 在 $R[x]$ 上定义乘法：

$$(f\cdot g)(x)=c_{n+m}x^{n+m}+c_{n+m-1}x^{n+m-1}+\cdots+(c_1x+c_0)$$

其中 $c_i=\sum\limits_{i+j=k} a_ib_j, 0\leqslant k\leqslant n+m$，即

$$c_{n+m}=a_nb_m, c_{n+m+1}=a_nb_{m-1}+a_{n-1}b_m, c_0=a_0$$

$R[x]$对于该乘法，满足结合律和分配律，还满足交换律，有单位元1。因此，$R[x]$是有单位元的交换环。

定义 7.13　设R是环，R中非零元a称为左零因子(对应地为右零因子)，如果存在非零元$b\in R$（对应地$c\in R$），使得$ab=0$(对应地$ca=0$)，a称为零因子。如果它同时为左零因子和右零因子。这时，称R为有零因子环。$\bar{2}$和$\bar{3}$是环$Z/6Z$中的零因子。

例 7.4　$Z/6Z=\{\bar{0},\bar{1},\bar{2},\bar{3},\bar{4},\bar{5}\}$是一个有单位元的交换环。

解：

(1)$Z/6Z$对于加法$a+b$构成一个交换加群。零元为0，a的负元为$6-a$。

(2)$Z/6Z$对于乘法$a\cdot b$，满足结合律和交换律，有交换元。

$Z/6Z$还有分配律，是一个有单位元的交换环，但有两个非零元的乘积为零，如$\bar{2}\cdot\bar{3}=0$。

定义 7.14　设R是一个交换环，称R为整环，如果R中有单位元，但没有零因子。整数环Z是一个整环。

例 7.5　设R是整环，如果R中消去律成立。当$c\neq 0$，$ca=cb$时，有$a=b$。

解：

当$ca=cb$时，有$c(a-b)=0$。因为R是整环，无零因子，所以$(a-b)=0$，结论成立。

定义 7.15　设$(R,+,\cdot p)$是一个环，S是R的非空子集，如果S关于R的运算也构成环，则称S是R的子环。设S是环R的非空子集，则S是R的子环的充分必要条件为：对任意$a,b\in S$，有$ab\in S$，$ab\in R$。

(1)整数环Z是有理数环Q的子环；

(2)$(mZ,+,\cdot p)=\{mk|k\in Z\}$是整数环$Z$的子环；

(3)数域F上常数项为0的多项式全体构成多项式环$F[x]$的一个子环。

定义 7.16　称交换环K为一个域，如果K中有单位元，且每个非零元都是可逆元，即K对于加法构成一个交换群，$K^*=K\backslash\{0\}$对于乘法构成一个交换群。

定理 7.14　设A是整环，$E=A\times A_*$，假设E上有关系$R:(a,b)$，$R:(c,d)$，如果$ad=bc$，再设商集Z/R是由(a,b)的等价类组成的集合。则对于Z/R上定义加法和乘法如下

$$\frac{a}{b}+\frac{c}{d}=\frac{ad+bc}{bd}$$

$$\frac{a}{b}\cdot\frac{c}{d}=\frac{ac}{bd}$$

Z/R构成一个域，叫作整环A的分式域。

例 7.6　取$A=Z$，则Z是一个整环，从而有分式域，叫作Z的有理数域，记为Q。加法和乘法运算为

$$\frac{a}{b}+\frac{c}{d}=\frac{ad+bc}{bd},\frac{a}{b}\cdot\frac{c}{d}=\frac{ac}{bd}$$

$$\frac{1}{3}+\frac{2}{5}=\frac{1\cdot 5+3\cdot 2}{3\cdot 5}=\frac{11}{15},\frac{1}{3}\cdot\frac{2}{5}=\frac{1\cdot 2}{3\cdot 5}=\frac{2}{15}$$

例如：

例 7.7 取 $A=Z/pZ$,其中 p 为素数,则 A 是一个整环,从而有分式域,叫作 Z/pZ 的 p 有限域,记为 F_p 或 GF_p。

实际上,有 $F_p=Z/pZ$,对于$\frac{a}{b}\in F_p$,有 $b\notin pZ$,从而 $p\nmid b$。根据广义欧几里得除法,存在整数 s,t 使得 $s\cdot b+t\cdot p=1,s\cdot b=1(\bmod p)$,因此

$$\frac{a}{b}=\frac{s\cdot a}{s\cdot b}=s\cdot a\in Z/pZ$$

$$p=7,a=4,b=5,3\times5+(-2)\times7=1$$

$$\frac{4}{5}+\frac{3\times4}{3\times5}=3\times4=5\in Z/7Z$$

例 7.8 设 K 是一个域,则 $A=K[x]$是一个整环,从而有分式域,叫作 $K[x]$的多项式分式域,记为 $K(x)$,即

$$K(x)=\{\frac{f(x)}{g(x)}|f(x),g(x)\in K[x],g(x)\neq0\}$$

加法和乘法运算为

$$\frac{f_1(x)}{g_1(x)}+\frac{f_2(x)}{g_2(x)}=\frac{f_1(x)g_2(x)+g_1(x)f_2(x)}{g_1(x)g_2(x)}$$

$$\frac{f_1(x)}{g_1(x)}\cdot\frac{f_2(x)}{g_2(x)}=\frac{f_1(x)f_2(x)}{g_1(x)g_2(x)}$$

7.4 多项式环

本节考虑多项式环,因为多项式理论和方法在信息安全和密码学中有重要的应用,特别是有限域的构造,所以关注最多的是多项式性质。

设 R 是整环,x 为变量,则 R 上形为

$$a_nx^n+\cdots+a_1x+a_0,a_i\in R$$

的元素称为 R 上的多项式。

设$f(x)=a_nx^n+\cdots+a_1x+a_0,a_n\neq0$ 是整环 R 上的多项式,则称多项式 $f(x)$的次数为 n,记为 $\mathrm{Deg}f=n$。

例 7.9 $Z[x]$中的 $2x+3$ 的次数为 1,$x^2+2x=3$ 的次数为 2,x^4+1 的次数为 4,$x^8+x^4+x^3+x+1$ 的次数为 8。

设整环 R 上的全体多项式组成的集合为

$$R[x]=\{f(x)=a_nx^n+\cdots+a_1x+a_0\mid a_i\in R,0\leqslant i\leqslant n,n\in N\}$$

首先,定义 $R[x]$上的加法,设

$$f(x)=a_nx^n+a_{n-1}x^{n-1}+\cdots+a_1x+a_0,g(x)=b_nx^n+b_{n-1}x^{n-1}+\cdots+b_1x+b_0$$

定义$f(x)$和 $g(x)$的加法为

$$(f+g)(x)=(a_n+b_n)x^n+(a_{n-1}+b_{n-1})x^{n-1}+\cdots+(a_1+b_1)x+(a_0+b_0)$$

则 $R[x]$中的零元为 0,$f(x)$的负元为$(-f)(x)=(-a_n)x^n+\cdots+(-a_1)x+(-a_0)$

其次，定义 $R[x]$ 上的乘法，设

$$f(x)=a_nx^n+a_{n-1}x^{n-1}+\cdots+a_1x+a_0$$
$$g(x)=b_nx^n+b_{n-1}x^{n-1}+\cdots+b_1x+b_0$$

定义 $f(x)$ 和 $g(x)$ 的乘法为

$$(f\cdot g)(x)=c_{n+m}x^{n+m}+c_{n+m-1}x^{n+m-1}+\cdots+c_1x+c_0$$

其中

$$c_k=\sum_{i+j=k,0\leqslant i\leqslant n,0\leqslant j\leqslant m}a_ib_j=a_kb_0+a_{k-1}b_1+\cdots+a_1b_{k-1}+a_0b_k,0\leqslant k\leqslant kn+m$$

即

$$c_{m+n}=a_nb_m,c_{m+n-1}=a_nb_{m-1}+a_{n-1}b_m,\cdots,c_k=\sum_{i+j=k}a_ib_j,\cdots,c_0=a_0b_0$$

则 $R[x]$ 中的单位元为 1。

定理 7.15 设 $R[x]$ 是整环 R 上的多项式环，则对于多项式的加法及多项式的乘法，$R[x]$ 是一个整环。

例 7.10 设 $f(x)=x^6+x^4+x^3+x+1,g(x)=x^7+x+1\in F_2[x]$，则

$$f(x)+g(x)=x^7+x^6+x^4+x^3$$
$$f(x)g(x)=x^{13}+x^{11}+x^9+x^8+x^6+x^5+x^4+x^3+1$$

事实上

$$(x^6+x^4+x^3+x+1)\cdot(x^7+x+1)=x^{13}+x^{11}+x^9+x^8+x^7+x^5+x^3+x^2+x+x^6+x^4+x^2+1$$
$$=x^{13}+x^{11}+x^9+x^8+x^6+x^5+x^4+x^3+1$$

定理 7.16（多项式的整除性） 设 $f(x)$ 和 $g(x)$ 是整环 R 上的任意两个多项式，其中 $g(x)\neq 0$，如果存在一个多项式 $q(x)$ 使等式

$$f(x)=q(x)\cdot g(x)$$

成立，就称 $g(x)$ 整除 $f(x)$ 或者 $f(x)$ 被 $g(x)$ 整除，记作 $g(x)\mid f(x)$。这时，就把 $g(x)$ 叫作 $f(x)$ 的因式，把 $f(x)$ 叫作 $g(x)$ 的倍式。否则，就称 $g(x)$ 不能整除 $f(x)$，或者 $f(x)$ 不能被 $g(x)$ 整除，记作 $g(x)\cdot f(x)$。

例 7.11 $Z[x]$ 中的 $2x+3\mid 2x^2+3x,x^2+1\mid x^4-1$

定理 7.17 给定 $K[x]$ 中一个首一多项式 $m(x)$。两个多项式 $f(x),g(x)$ 叫作模 $m(x)$ 同余，如果 $m(x)\mid f(x)-g(x)$。记作

$$f(x)\equiv g(x)(\bmod m(x))$$

否则，叫作模 $m(x)$ 不同余，记作

$$f(x)\cdot g(x)(\bmod m(x))。$$

定义 7.17 设 $f(x)$ 是整环 R 上的非常数多项式。如果除了显然因式 1 和 $f(x)$ 外，$f(x)$ 没有其他非常数因式，那么，$f(x)$ 叫作不可约多项式，否则，$f(x)$ 叫作合式。

例 7.12 在 $F_2[x]$ 中的 4 次以下的不可约多项式和可约多项式，见表 7.1。

表 7.1　4 次以下不可约多项式和可约多项式表

次数	不可约多项式	可约多项式
1	$x,x+1$	
2	x^2+x+1	$x^2,x^2+1=(x=1)^2,x^2+x$
3	x^3+x+1,x^3+x^2+1	$x^3,x^3+1=(x+1)(x^2+x+1)$ x^3+x,x^3+x^2+x $x^3+x^2+x+1=(x+1)(x^2+1)$
4	x^4+x+1,x^3+x^2+1 $x^4+x^3+x^2+x+1$	x^4,x^4+1,x^4+x x^4+x^2,x^4+x^3 $x^4+x^2+1,x^4+x^2+x,x^4+x^3+x$ $x^4+x^3+x^2,x^4+x^2+x+1$ x^4+x^3+x+1 $x^4+x^3+x^2+1,x^4+x^3+x^2+x$

定义 7.18　设 $f(x)$ 是域 K 上的 n 次可约多项式，是 $f(x)$ 的次数最小的非常数因式，则 $p(x)$ 一定是不可约多项式，且 $\mathrm{Deg}p\leqslant\frac{1}{2}\mathrm{Deg}f$。

定理 7.18　设 $f(x)$ 是域 K 上的多项式，如果对所有的不可约多项式 $p(x)$，$\mathrm{Deg}p\leqslant\frac{1}{2}\mathrm{Deg}f$ 都有 $p(x)\cdot f(x)$，则 $f(x)$ 一定是不可约多项式。

接下来考虑多项式欧几里得除法。

定理 7.19（多项式欧几里得除法）　设

$$f(x)=a_nx^n+a_{n-1}x^{n-1}+\cdots+a_1x+a_0,g(x)=x^m+\cdots+b_1x+b_0$$

是整环 R 上的两个多项式，则一定存在多项式 $q(x)$ 和 $R[x]$ 使得

$$f(x)=q(x)\cdot g(x)+R[x],\mathrm{Deg}r<\mathrm{Deg}g$$

例 7.14　设 $F_2[x]$ 上多项式

$$f(x)=x^{13}+x^{11}+x^9+x^8+x^6+x^5+x^4+x^3+x+1$$

求 $q(x)$ 和 $R[x]$ 使得

$$f(x)=q(x)\cdot g(x)+R[x],\mathrm{Deg}r<\mathrm{Deg}g$$

解：

逐次消除最高次项

$$r_0(x)=f(x)-x^5\cdot g(x)=x^{11}+x^4+x^3+1$$

$$r_1(x)=r_0(x)-x^3\cdot g(x)=x^7+x^6+1$$

因此，$q(x)=x^5+x^3,R[x]=x^7+x^6+1$。

7.5　域的基本概念

定义 7.19　如果一个环中的非零元全体在乘法运算下构成群，则称该环为除环，称交

换的除环 K 为一个域。

例如,有理数域 Q,实数域 P,复数域 F_2,有限域 F_P。

定义 7.20　设 R 是一个环,如果存在一个最小正整数 p 使得对任意 $a\in R$,都有

$$pa=\underbrace{a+\cdots+a}_{p个a}=0$$

则称环 R 的特征为 p,如果不存在这样的正整数,则称环 R 的特征为 0。

定理 7.20　如果域 K 的特征不为零,则其特征必为素数。

定义 7.21　设 $R_1(K_1)$ 是环 R(域 K)的非空子集。如果对于环 R(域 K)的运算,$R_1(K_1)$ 也构成一个环(域),则 $R_1(K_1)$ 叫作 R 的子环(K 的子域)。

定义 7.22　一个域叫作素域,如果它不包含真子域。

例 7.14　有理数域 Q 是素域,$F_p=Z/pZ$ 是素域。

定理 7.21　设 F 是一个域,如果 F 的特征为 0,则 F 有一个与有理域 Q 同构的素域。如果 F 的特征为 p,则 F 有一个域 F_P 同构的素域。

定理 7.22　设 F 是一个域,如果 K 是 F 的子域,则称 F 为 K 的扩域。

例 7.15　有理数域 Q 是实数域 R 和复数域 C 的子域,复数域 C 是实数域 R 的扩域。实数域 R 是有理数域 Q 的扩域。

例 7.16　$F_2=F_2[x]/\{x^8+x^2+x^3+1\}$ 是 F_2 的扩域。

定理 7.23　有限扩张是代数扩张,若 α 是 F 上的代表元,则单扩张 $E=F(\alpha)$ 是 F 的一个代数扩张。

(1)设 α 极小多项式的次数为 n,$F(\alpha)$ 中元素能唯一表示成:

$$a_0+a_1\alpha+\cdots+a_n\alpha^n,a_i\in F$$

(2)$1,\alpha\cdots,\alpha^n$ 是向量空间 $F\times F(\alpha)$ 在 F 上的一组生成元,而且是无关的。

(3)$1,\alpha\cdots,\alpha^n$ 是向量空间 $F\times F(\alpha)$ 在 F 上的一组基。

(4)$[F(\alpha):F]=n$,$F(\alpha)$ 是 F 的有限扩张,从而是代数扩张。

定理 7.24　若集合 S 中的元都是 F 上的代数元,那么 $F(S)$ 是 F 的代数扩张。

(1)$F(S)$ 中的元素具有形式

$$\frac{f(\alpha_1,\alpha_2,\cdots,\alpha_k)}{g(\alpha_1,\alpha_2,\cdots,\alpha_k)},\alpha_i\in S$$

(2)由于每两个 F 上的代数元的四则运算结果仍是代数元,容易看出有限个代数元的四则运算仍是代数元。

(3)$F(S)$ 是 F 的代数扩张。

定义 7.23(欧氏环)　设 R 是一个环,$R^*=\boldsymbol{R}\backslash\{0\}$。若存在映射 $\varphi:R^*\to Z^+$,使得对任意的 $a,b\in R,b\neq0$,均存在 $q,r\in R$ 满足

$$a=qb+r,r=0 或 \varphi(r)<\varphi(b)$$

则称 R 是一个欧氏环。

域的单代数扩张实际上是添加一个不可约多项式根的扩张,因此在这个扩域上,此不可约多项式就有根,从而在扩域上这个多项式就可约了。通常,如果 $f(x)$ 是域 F 上的一个多项式,可以将 $f(x)$ 的所有根添加到 F 中,得到一个扩域,在这个扩域上,$f(x)$ 可以分解成

线性因式的乘积。

定义 7.24 设$f(x)\in F[x]$是一个 n 次多项式，E 是 F 的一个扩域，如果

(1)$f(x)$在 E 上能够分解成一次因式的成积

$$f(x)=a(x-\alpha_1)(x-\alpha_2)\cdots(x-\alpha_n)$$

(2)$E=F(\alpha_1,\alpha_2,\cdots\alpha_n)$

则称 E 为$f(x)$在 F 上的一个分裂域，或称 E 为 F 上的一个分裂扩张。这个定义其实是说：f 在 F 上的分裂域 E 是使 f 能分解成线性因式乘积的 F 的最小扩域。

7.6 有限域的实现

本小节将介绍群在密码学上的一些应用场景，如用 python 来实现有限域的计算。在密码学中，有限域 $GF(p)$是一个很重要的域，其中 p 为素数。简单来说，$GF(p)$就是 mod p，因为一个数模 p 后，结果在$(0,p-1)$之间。对于元素 a 和 b，$(a+b)\bmod p$ 和$(a*b)\bmod p$，其结果都是域中的元素。$GF(p)$里面的加法和乘法就是通常意义下的加法和乘法。$GF(p)$的加法和乘法单位元分别是 0 和 1，元素的加法和乘法逆元都很容易理解和求得。

7.6.1 $GF(2^n)$的构造

定义 7.25 设多项式$f(x)$是域 F_p 上的首一多项式，且 $p(x)$为不可约多项式，$\deg p(x)=n>0$，记 $F_p[x]$模 $p(x)$的余式的全体为$\{a_0+a_1x+a_2x^2+a_{n-1}x^{n-1}\mid a_i\in F_p\}$，该集合有 p^n 个元素，规定加法和乘法运算如下

加法⊕：$$a(x)\oplus b(x)=a(x)+b(x)$$

乘法⊗：$$a(x)\otimes b(x)\equiv a(x)\times b(x)(\bmod p(x))$$

则 $F_p[x]$模 $p(x)$的余式的全体构成域，记 $GF(p^n)$或者 F_{p^n}。

例如，$F_2[x]$模 $p(x)=x^3+x+1$ 的余式的全体组成的集合构成一个域。

$F_2[x]$模 $p(x)$的余式的全体组成的集合为 $GF(2^3)=\{0,1,x,x+1,x^2,x^2+1,x^2+x,x^2+x+1\}$。

例 7.17 已知 $h(x)=x^2+x$，$g(x)=x^2+x+1$ 是 $GF(2^3)$中的多项式，求 $h(x)\oplus g(x)$。

解：

$$(x^2+x)+(x^2+x+1)=2x^2+2x+1\equiv 1(\bmod p(x))$$

由此可知，集合 $GF(2^3)$中的元素对加法构成交换群，加法零元为 0，每一个元素的逆元是其自身。

例 7.18 已知 $h(x)=x^2+1$，$g(x)=x^2+x+1$ 是 $GF(2^3)$中的多项式，求 $h(x)\otimes g(x)$。

解：

$$(x^2+1)\times(x^2+x+1)\equiv x^4+x^3+2x^2++x+1\equiv x^4$$
$$\equiv x\times(x^3+x+1)+(x^2+x)\equiv(x^2+x)(\bmod p(x))$$

例 7.19 已知 x^2+1 是 $GF(2^3)$中的多项式，求 x^2+1 模 $p(x)=x^3+x+1$ 的乘法的逆元。

解：

因为

$$(x^2+1)\times x \equiv x^3+x \equiv x^3+x+1+1 \equiv 1(\bmod p(x))$$

所以 x^2+1 的逆元是 x。

7.6.2　$GF(2^n)$ 上的运算

有限域的非零元素构成一个循环群，也就是说，集合 $GF(2^n)$ 中的非零元素构成一个循环群。

定义 7.26　设 $p(x)$ 是一个不可约多项式，如果 x 是循环群 $GF(2^n)$ 的一个生成元，也就是说，$x^i(0\leqslant i\leqslant 2^n-1)$ 构成循环群的所有元素，$p(x)$ 也称为本原多项式。

因此，求逆元的方法可以简化为

$$(x^i)^{-1}=x^{-i}=x^{2n-1}x^{-i}=x^{2n-1-i}(\bmod p(x))$$

例如：$(x^2)^{-1}(\bmod p(x))\equiv 1\times x^{-2}=x^7\cdot x^{-2}=x^5=x^2+x+1$

以下代码演示了如何求 $GF(2^n)$ 上所有元素，如何计算两个元素相乘和相除。字典 primitive_polynomial_dict 中定义了部分本原多项式，如三阶的本原多项式是 0b1011，代表的多项式是 x^3+x+1，十六阶的本原多项式是 (1 < < 16) + (1 < < 12) + 0b1011，代表的多项式是 $x^{16}+x^{12}+x^3+x+1$。函数 dig_to_ringelement( ) 把整数转换为群上的元素。类 GF2n (object) 的初始化方法__init__( ) 给出了群上的所有元素，showAllEle( ) 可以显示群上的所有元素，mul( ) 及 div( ) 方法分别是域上群元素的乘法和除法。主函数根据用户输入的 n 值计算并输出 $GF(2^n)$ 上的所有元素，并演示了元素的乘法和除法运算。

```
1.# coding = UTF - 8
2.#key : value = > w : primitive_polynomial
3.primitive_polynomial_dict = {
4.    2:      0b111,     #x* *2 + x + 1
5.    3:    0b1011,      #x* *3 + x + 1
6.    4:   0b10011,      #x* *4 + x + 1
7.    5:  0b100101,      #x* *5 + x* *2 + 1
8.    6: 0b1000011,      #x* *6 + x + 1
9.    7: 0b10001001,     #x* *7 + x* *3 + 1
10.   8: (1 < < 8) + 0b11101,           #x* *8  + x* *4  + x* *3 + x* *
2 + 1
11.   16:(1 < < 16) + (1 < < 12) + 0b1011, #x* *16 + x* *12 + x* *3 + x
 + 1
12.   32: (1 < < 32) + (1 < < 22) + 0b111,  #x* *32 + x* *22 + x* *2 + x
 + 1
13.   64: (1 < < 64) + 0b11011#x* *64 + x* *4  + x* *3 + x   + 1
14.             }
15.
```

```
16.def dig_to_ringelement(d):
17.     if d = = 0:
18.         return "0"
19.     if d = = 1:
20.         return "x* *0"
21.     if d = = None:
22.         return " - "
23.     strtemp = bin(d)
24.     strtemp = strtemp[:: -1]
25.     strelements = ""
26.     count = 0
27.     if int(strtemp[0]) = = 1:
28.         strelements = strelements + "1 +"
29.     for i in range(1, len(strtemp) -2):
30.         if int(strtemp[i]) = = 1:
31.             if i ! = len(strtemp) -3:
32.                 strelements = strelements + str(i) +"* *x" + " +"
33.             else:
34.                 strelements = strelements + str(i) +"* *x"
35.         count = count + 1
36.     strelements = strelements[:: -1]
37.     return strelements
38.
39.class GF2n(object):
40.     """System of Elliptic Curve"""
41.
42.     def __init__(self, w):
43.         """elliptic curve as: (y* *2 = x* *3 + a * x + b)mod q
44.          - a, b: params of curve formula
45.          - q: prime number
46.         """
47.         print(w)
48.         self.gf_element_total_number = 1 < < w
49.         self.primitive_polynomial = primitive_polynomial_dict[w]
50.         print(self.primitive_polynomial)
51.         self.gfilog = [1]  # g(0) = 1
52.
53.         for i in range(1, self.gf_element_total_number - 1):
54.             temp =self.gfilog[i - 1] < < 1  # g(i) = g(i -1) * g
```

```
55.             if temp & self.gf_element_total_number:  # if overflow, then mod
primitive polynomial
56.                 temp ^= self.primitive_polynomial   # mod primitive_polyno-
mial in GF(2 * * w) = = XOR
57.             self.gfilog .append(temp)
58.
59.         assert (self.gfilog [self.gf_element_total_number - 2] < < 1)^
self.primitive_polynomial
60.         self.gfilog .append(None)
61.
62.         self.gflog = [None] * self.gf_element_total_number
63.         for i in range(0, self.gf_element_total_number - 1):
64.             self.gflog [self.gfilog [i]] = i
65.
66.     def showAllEle(self):
67.         print(" \n 序号列,域元素 表示,对应十进制数 \n", end = '')
68.         for i in range(0, self.gf_element_total_number):
69.             print("{},x * * {} = =,{:},\t( - {} - ) \t".format(i, i, dig_to_
ringelement(self.gfilog [i]), self.gfilog [i]))
70.
71.     def mul(self, a, b):
72.         temp = (self.gflog [a] + self.gflog [b])% (self.gf_element_total
_number -1)
73.         return self.gfilog [temp]
74.
75.     def div(self, a, b):
76.         temp = (self.gflog [a] - self.gflog [b])% (self.gf_element_total
_number -1)
77.         return self.gfilog [temp]
78.
79.
80.if __name__ = = "__main__":
81.     #make_gf_dict(3)
82.     a = int(input("please input number:"))
83.     GF = GF2n(a)
84.     GF.showAllEle()
85.     print("GF.mul(7,12)的结果:",GF.mul(7, 12))
86.     print("GF.div(13,11)的结果:",GF.div(13, 11))
```

若有限域为 $GF(2^4)$,则运行之后,其结果如下。(为了视觉上的美观,进行了调整)。

```
1.序号列,      域元素 表示,                                      对应十进制数
2.0,          x**0==,x**0,                                      (-1-)
3.1,          x**1==,x**1,                                      (-2-)
4.2,          x**2==,x**2,                                      (-4-)
5.3,          x**3==,x**3,                                      (-8-)
6.4,          x**4==,x**1+1,                                    (-3-)
7.5,          x**5==,x**2+x**1,                                 (-6-)
8.6,          x**6==,x**3+x**2,                                 (-12-)
9.7,          x**7==,x**3+x**1+1,                               (-11-)
10.8,         x**8==,x**2+1,                                    (-5-)
11.9,         x**9==,x**3+x**1,                                 (-10-)
12.10,        x**10==,x**2+x**1+1,                              (-7-)
13.11,        x**11==,x**3+x**2+x**1,                           (-14-)
14.12,        x**12==,x**3+x**2+x**1+1,                         (-15-)
15.13,        x**13==,x**3+x**2+1,                              (-13-)
16.14,        x**14==,x**3+1,                                   (-9-)
17.15,        x**15==,-,                                        (-None-)
18.GF.mul(7,12)的结果为:2
19.GF.div(13,11)的结果为:12
```

若有限域为 $GF(2^8)$，则运行之后，其结果如下。（为了视觉上的美观，进行了调整）。

```
1.序号列,      域元素 表示,                                      对应十进制数
2.0,          x**0==,x**0,                                      (-1-)
3.1,          x**1==,x**1,                                      (-2-)
4.2,          x**2==,x**2,                                      (-4-)
5.3,          x**3==,x**3,                                      (-8-)
6.4,          x**4==,x**4,                                      (-16-)
7.5,          x**5==,x**5,                                      (-32-)
8.6,          x**6==,x**6,                                      (-64-)
9.7,          x**7==,x**7,                                      (-128-)
10.8,         x**8==,x**4+x**3+x**2+1,                          (-29-)
11.……
12.245,       x**245==,x**7+x**6+x**5+x**3+1,                   (-233-)
13.246,       x**246==,x**7+x**6+x**3+x**2+x**1+1,(-207-)
14.247,       x**247==,x**7+x**1+1,                             (-131-)
15.248,       x**248==,x**4+x**3+x**1+1,                        (-27-)
16.249,       x**249==,x**5+x**4+x**2+x**1,                     (-54-)
17.250,       x**250==,x**6+x**5+x**3+x**2,                     (-108-)
18.251,       x**251==,x**7+x**6+x**4+x**3,                     (-216-)
19.252,       x**252==,x**7+x**5+x**3+x**2+1,                   (-173-)
```

```
20.253,        x**253==,x**6+x**2+x**1+1,
        (-71-)
21.254,  x**254==,x**7+x**3+x**2+x**1,(-142-)
22.255,  x**255==,-,(-None-)
23.GF.mul(7,12)的结果为:36
24.GF.div(13,11)的结果为:118
```

习　题

1. 证明：如果 a,b 是群 G 的任意元素，则 $(ab)^{-1}=b^{-1}a^{-1}$。

2. 证明：群 G 是交换群的充要条件是对任意 $a,b\in G$，有 $(ab)^2=a^2b^2$。

3. 证明：群 G 是交换群的充要条件是对任意 $a,b\in G$，有

$$(ab)^3=a^3b^3,(ab)^4=a^4b^4,(ab)^5=a^5b^5$$

4. 设 G 是 n 阶有限群，证明：对任意 $a\in G$，有 $a^n=e$。

5. 证明：群 G 中的元素 a 与其逆元 a^{-1} 有相同的阶。

6. 设 G 是一个群。记 $\mathrm{cent}(G)=\{a\in G|ab=ba,\forall b\in G\}$。证明 $\mathrm{cent}(G)$ 是 G 的正规子群。

7. 设 G 是一个 10 阶循环群，给出 G 的一切生成元和所有子群。

8. 已知群 G 中每一个非单位元的阶均为 2，证明 G 一定为交换群，并给出一个每一个非单位元的阶均为 2 的群。

9. 设 R 是有单位元 e 的环。证明 R 中的可逆元不是零因子。

10. 设 R 是环。称 R 为布尔环，如果 R 中的每个元素 $a\in G$ 都满足 $a^2=1$。证明：布尔环 R 是交换环。

11. 证明：非零有限整环是一个域。

12. 设 R 是环。R 中元素 a 称为幂零，如果存在正整数 m 使得 $a^m=0$。证明：当 R 为交换环时，幂零元素 a 和 b 的和 $a+b$ 也是幂零元。

13. 证明集合 $Z[\sqrt{2}]=\{a+b\sqrt{2}\,|\,a,b\in Z\}$ 对于通常的加法和乘法构成一个整环。

14. 证明集合 $Z[\sqrt{3}]=\{a+b\sqrt{3}\,|\,a,b\in Z\}$ 对于通常的加法和乘法构成一个整环。

15. 证明集合 $Z[\sqrt{5}]=\{a+b\sqrt{5}\,|\,a,b\in Z\}$ 对于通常的加法和乘法构成一个整环。

16. 设 D 是无平方因数的整数。证明集合 $Z[\sqrt{D}]=\{a+b\sqrt{D}\,|\,a,b\in Z\}$ 对于通常的加法和乘法构成一个整环。

17. 证明集合 $Q[\sqrt{2}]=\{a+b\sqrt{2}\,|\,a,b\in Q\}$ 对于通常的加法和乘法构成一个域。

18. 证明集合 $Q[\sqrt{3}]=\{a+b\sqrt{3}\,|\,a,b\in Q\}$ 对于通常的加法和乘法构成一个域。

19. 证明集合 $Q[\sqrt{5}]=\{a+b\sqrt{5}\,|\,a,b\in Q\}$ 对于通常的加法和乘法构成一个域。

20. 设 D 是无平方因数的整数。证明集合 $Q[\sqrt{D}]=\{a+b\sqrt{D}\,|\,a,b\in Q\}$ 对于通常的加法和乘法构成一个域。

第8章 椭圆曲线

椭圆曲线将数论与几何学结合在一起，相比基于因数分解困难问题的RSA和基于离散对数的ElGamal的密码算法，在同等密钥长度的情况下，在椭圆曲线上建立的公钥密码系统的安全性更高。本章主要介绍椭圆曲线的相关内容，包括椭圆曲线的基本概念、实数域上的椭圆曲线、素数域上的椭圆曲线、有限域上的椭圆曲线及椭圆曲线的运算，最后一部分介绍了椭圆曲线在密码学上的实际应用。

8.1 实数域上的椭圆曲线

在实数域 R 上，椭圆曲线的一般形式为

$$y^2+a_1xy+a_3y=x^3+a_2x^2+a_4x+a_6 \tag{8-1}$$

其中，$a_1,a_2,a_3,a_4,a_5,a_6\in R$，$x,y$ 在实数域上取值。

上述方程可变形为

$$(y+\frac{1}{2}a_1x+\frac{1}{2}a_3)^2=x^3+\left(\frac{1}{4}a_1^2+a_2\right)x^2+\left(\frac{1}{2}a_1a_3+a_4\right)x+\frac{1}{4}a_3^2+a_6$$

或

$$(2y+a_1x+a_3)^2=4x^3+b_2x^2+2b_4x+b_6$$

其中

$$\begin{cases}b_2=a_1^2+4a_3\\b_4=a_1a_3+2a_4\\b_6=a_3^2+4a_6\end{cases}$$

方程可继续变形，有

$$(2y+a_1x+a_3)^2=4(x+\frac{1}{12}b_2)^3+\left(-\frac{1}{12}b_2^2+2b_4\right)\left(x+\frac{1}{12}b_2\right)+(\frac{1}{216}b_2^3-\frac{1}{6}b_2b_4+b_6)$$

或

$$108^2(2y+a_1x+a_3)^2=36^3\ (x+\frac{1}{12}b_2)^3-27c_4*36\left(x+\frac{1}{12}b_2\right)-54c_6$$

其中

$$\begin{cases}c_4=b_2^2-24b_4\\c_6=-b_2^3+36b_2b_4-216b_6\end{cases}$$

并作变换

$$\begin{cases} X = 36(x + \frac{1}{12}b_2) \\ Y = 108(2y + a_1x + a_3) \end{cases}$$

或

$$\begin{cases} x = \frac{1}{36}X - \frac{1}{12}b_2 \\ y = \frac{1}{126}Y - \frac{1}{2}a_1\left(\frac{1}{36}X - \frac{1}{12}b_2\right) - \frac{1}{2}a_3) \end{cases}$$

得到

$$Y^2 = X^3 - 27c_4X - 54c_6$$

其判别式为

$$1\ 728\Delta = c_4^3 - c_6^2b_4^3 - 27$$

方程(8 - 1)的判别式

$$\Delta = -b_2^2b_8 - 8b_4^3 - 27b_6^2 + 9b_2b_4b_6$$

其中

$$b_8 = a_1^2a_6 - a_1a_3a_4 + 4a_2a_6 + a_2a_3^2 - a_4^2(i.e.\ 4b_8 = b_2b_6 - b_4^2)$$

定义 8.1　当 $\Delta \neq 0$,实数域 R 上的点集

$$E: = \{(x,y) \mid y^2 + a_1xy + a_3y = x^3 + a_2x^2 + a_4x + a_6\} \cup \{O\}$$

其中 $a_1, a_2, a_3, a_4, a_5, a_6 \in R$,$O$ 为无穷远点,叫域 R 上的椭圆曲线,一般用 E 来表示。

下面说明在实数域 R 上椭圆曲线及其运算法则的几何意义。

例 8.1　实数域 R 上的椭圆曲线 $y^2 = x^3 + 3$, $-2 \leqslant x \leqslant 2$,如图 8.1 所示。

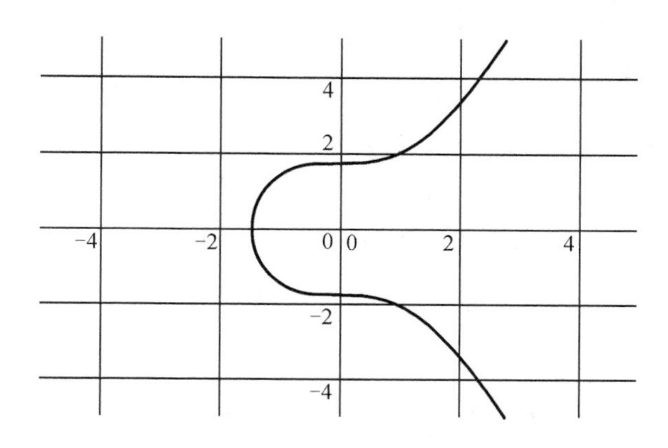

图 8.1　椭圆曲线图像

图 8.1 所示的椭圆曲线图像可由以下代码生成。

```
1.import numpy as np
2.import matplotlib.pyplot as plt
3.
4.y1, x1 =np.ogrid[ -5:5:100j, -5:5:100j]
5.cs =plt.contour(x1.ravel(), y1.ravel(), pow(y1, 2) - pow(x1, 3) -3, [0])
```

```
6.
7.ax =plt.gca()
8.ax.spines['top'].set_color('none')
9.ax.spines['right'].set_color('none')
10.ax.spines['left'].set_position(('data',0))
11.ax.spines['bottom'].set_position(('data',0))
12.
13.plt.grid()
14.plt.show()
```

仿照代数系统的概念，椭圆曲线上的所有点构成一个点集合，可以在其上定义映射关系，根据这个关系所满足的条件可以构成群、环和域。给出椭圆曲线的运算定义如下。

定理 8.1（椭圆曲线运算定理） 椭圆曲线 E 上运算法则 $\oplus$ 定义为，如果直线 L 交 E 于点 P,Q,R（不必是不同的），则 $(P\oplus Q)\oplus R=O$。此运算具有以下性质：

(1) 对任意 $P,Q,R\in E$，有 $(P\oplus Q)\oplus R=P\oplus(Q\oplus R)$；

(2) 对任意 $P,Q\in E$，$P\oplus Q=Q\oplus P$；

(3) 设 $P\in E$，存在一个点，记作 $-P$，使得 $P\oplus(-P)=O$；

(4) 对任意 $P\in E$，$P\oplus O=P$。

由上可知，$(E,\oplus)$ 这个代数系统是一个群，而且是一个交换群，群的单位元是 O。

现在给出定理 8.1 中群运算的精确公式。

定理 8.2 设椭圆曲线 E 的一般方程为

$$E:=\{(x,y)\mid y^2+a_1xy+a_3y=x^3+a_2x^2+a_4x+a_6\}\cup\{O\}$$

(1) 设 $P_1=(x_1,y_1)$ 是曲线 E 上的点，则

$$-P_1=(x_1,-y_1-a_1x_1-a_3)$$

(2) 设 $P_1=(x_1,y_1)$，设 $P_2=(x_2,y_2)$ 是曲线 E 上的两个点，且 $P_3=(x_3,y_3)=P_1+P_2\neq O$，则 x_3,y_3 可以由公式给出

$$\begin{cases}x_3=\lambda^2+a_1\lambda-a_2-x_1-x_2\\ y_3=\lambda(x_1-x_3)-a_1x_3-y_1-y_3\end{cases}$$

其中

$$\begin{cases}\lambda=\dfrac{y_2-y_1}{x_2-x_1},x_1\neq x_2\\ \lambda=\dfrac{3x_1^2+2a_2x_1+a_4-a_1y_1}{2y_1+a_1x_1+a_3},x_1=x_2\end{cases}$$

证明：

设 E 是由如下方程

$$F(x,y)=y^2+a_1xy+a_3y-x^3-a_2x^2-a_4x-a_6=0$$

定义的椭圆曲线。

(1) 设 $P_1=(x_1,y_1)\in E$，计算点 $-P_1$。设 L 是过 P_1 和点 O 的直线，则该直线为

$$L:x-x_1=0$$

将 $x=x_1$ 代入到 $F(x,y)$ 中并求关于 y 的两个根 y_1,y_1'，比较下列方程关于一次项 y 的系数。

$$F(x_1,y)=(y-y_1)(y-y_1')=y^2-(y_1+y_1')y+y_1y_1'$$

有 $y_1'=-y_1-a_1x_1-a_3$，从而

$$-P_1=(x_1,-y_1-a_1x_1-a_3)$$

(2)设 $P_1=(x_1,y_1),P_2=(x_2,y_2)\in E$。如果 $P_1+P_2\neq O$，考虑过 P_1 和 P_2 的直线

$$L:y=\lambda x+\mu$$

当 $x_1\neq x_2$ 时，直线 L 的斜率 λ 为

$$\lambda=\frac{y_2-y_1}{x_2-x_1}$$

$x_1=x_2$ 时，直线 L 为过点 P 的切线，其斜率 λ 为

$$\lambda=\frac{3x_1^2+2a_2x_2+a_4-a_1y_1}{2y_1+a_1x_1+a_3}$$

将 $y=\lambda x+\mu$ 带入方程 $F(x,y)=0$ 中，有

$$F(x,\lambda x+\mu)=c(x-x_1)(x-x_2)(x-x_3)$$

根据根与系数之间的关系。有 $c=-1$ 及

$$x_1+x_2+x_3=\lambda^2+a_1\lambda-a_2$$

因此，$\mu=y_1-\lambda x_1$

$$\begin{cases}x_3=\lambda^2+a_1\lambda-a_2-x_1-x_2\\y_3=\lambda(x_1-x_3)-a_1x_3-y_1-y_3\end{cases}$$

证毕。

因此，E 在实数域 R 上的运算规则如下。

定义 8.2（在实数域上的运算）　设 E 是实数域上的椭圆曲线，$P_1=(x_1,y_1),P_2=(x_2,y_2)$ 是曲线 E 任意的两个点，O 为无穷远点。定义加法运算如下：

(1)$O+P_1=P_1+O$（O 作为单位元）；

(2) $-P_1=(x_1,-y_1)$；

(3)如果 $P_1=-P_2$，则 $P_1+P_2=O$；

(4)如果 $P_3=(x_3,y_3)=P_1+P_2\neq O,x_3=\lambda^2-x_1-x_2,y_3=\lambda(x_1-x_3)-y_1$

其中

$$\begin{cases}\lambda=\dfrac{y_2-y_1}{x_2-x_1},P_1\neq P_2\\[2ex]\lambda=\dfrac{3x_1^2+a_4}{2y_1},P_1=P_2\end{cases}$$

椭圆曲线在实数域上运算法则的几何意义进行如下的定义：

设 $P_1=(x_1,y_1),P_2=(x_2,y_2)$ 是曲线 E 上的两个点，O 为无穷远点。则 $-P_1$ 为直线 L（过点 P_1 和点 O）和曲线 E 的交点，换句话说，$-P_1$ 是点 P_1 关于 x 轴的对称点。

而点 P_1 和 P_2 的和 $P_1+P_2=P_3=(x_3,y_3)$ 是直线 L（过点 P_1 和点 P_2）和曲线 E 的交点 R 关于 x 轴的对称点 $P_3=-R$。

例 8.2　已知椭圆曲线 $E:y^2=x^3+3x+1,P=(0,1)$ 是 E 上一点。求 $2P=(x_2,y_2),3P=$

(x_3,y_3)，$4P=(x_4,y_4)$，$5P=(x_5,y_5)$，$6P=(x_6,y_6)$，$7P=(x_7,y_7)$。

解：

令 $P=(x_1,y_1)=(0,1)$，根据定义 8.2，计算 $\lambda_2=\dfrac{3x_1^2+a_4}{2y_1}=\dfrac{3}{2}$，可得

$$x_2=\lambda_2^2-2x_1=\frac{9}{4},y_2=\lambda_2(x_1-x_2)-y_1=\frac{-35}{8}$$

计算 $\lambda_3=\dfrac{y_2-y_1}{x_2-x_1}=-\dfrac{43}{18}$，可得

$$x_3=\lambda_3^2-x_1-x_2=\frac{280}{81},y_3=\lambda_3(x_1-x_3)-y_1=\frac{5\ 291}{729}$$

计算 $\lambda_4=\dfrac{y_3-y_1}{x_3-x_1}=\dfrac{2\ 281}{1\ 260}$，可得

$$x_4=\lambda_4^2-x_1-x_3=\frac{-3519}{19\ 600},y_4=\lambda_4(x_1-x_4)-y_1=\frac{-1\ 852\ 129}{2\ 744\ 000}$$

计算 $\lambda_5=\dfrac{y_4-y_1}{x_4-x_1}=\dfrac{510\ 681}{54\ 740}$，可得

$$x_5=\lambda_5^2-x_1-x_4=\frac{13\ 333\ 320}{152\ 881},y_5=\lambda_5(x_1-x_5)-y_1=\frac{-48\ 696\ 013\ 549}{59\ 776\ 471}$$

计算 $\lambda_6=\dfrac{y_5-y_1}{x_5-x_1}=\dfrac{348\ 255\ 643}{37\ 238\ 058}$，可得

$$x_6=\lambda_6^2-x_1-x_5=\frac{2\ 257\ 258\ 249}{9\ 070\ 276\ 644},y_6=\lambda_6(x_1-x_6)-y_1=\frac{1\ 146\ 658\ 401\ 987\ 805}{863\ 935\ 007\ 021\ 272}$$

计算 $\lambda_7=\dfrac{y_6-y_1}{x_6-x_1}=\dfrac{723\ 333\ 490\ 963}{549\ 812\ 688\ 282}$，可得

$$x_7=\lambda_7^2-x_1-x_6=\frac{49\ 390\ 057\ 276\ 560}{33\ 327\ 979\ 295\ 521},$$

$$y_7=\lambda_7(x_1-x_7)-y_1=\frac{-567\ 521\ 666\ 143\ 702\ 121\ 879}{192\ 403\ 724\ 264\ 235\ 258\ 319}$$

8.2 有限域上的椭圆曲线

素域 F_p 上的椭圆曲线 E 的方程可设为

$$E:y^2=x^3+a_1x+a_2$$

其判别式 $\Delta=-16(4a_1^3+27a_2^2\neq0)$。因此，$E$ 在素域 F_p 上的运算规则如下。

定理 8.3（在素域上的运算） 设 $P_1=(x_1,y_1)$，$P_2=(x_2,y_2)$是曲线 E 上的两个点，O 为无穷远点。则

（1）$O+P_1=P_1+O$（O 作为单位元）；

（2）$-P_1=(x_1,-y_1)$；

（3）如果 $P_1=-P_2$，则 $P_1+P_2=O$；

(4) 如果 $P_3=(x_3,y_3)=P_1+P_2\neq O, x_3=\lambda^2-x_1-x_2, y_3=\lambda(x_1-x_3)-y_1$，其中

$$\begin{cases}\lambda=\dfrac{y_2-y_1}{x_2-x_1}, x_1\neq x_2\\ \lambda=\dfrac{3x_1^2+a_1}{2y_1}, x_1=x_2\end{cases}$$

下面给出两个椭圆曲线直观的例子，图 8.2 是曲线方程 $y^2=x^3+x+3$（模 53）上的所有点，图 8.3 是曲线方程 $y^2=x^3+x+3$（模 223）上的所有点。这两个图是由 8.3.1 节的代码自动生成的。

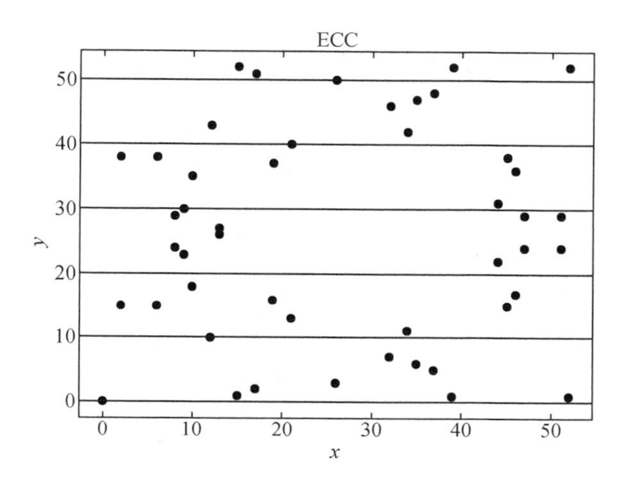

图 8.2　椭圆曲线 $y^2=x^3+x+3$（模 53）

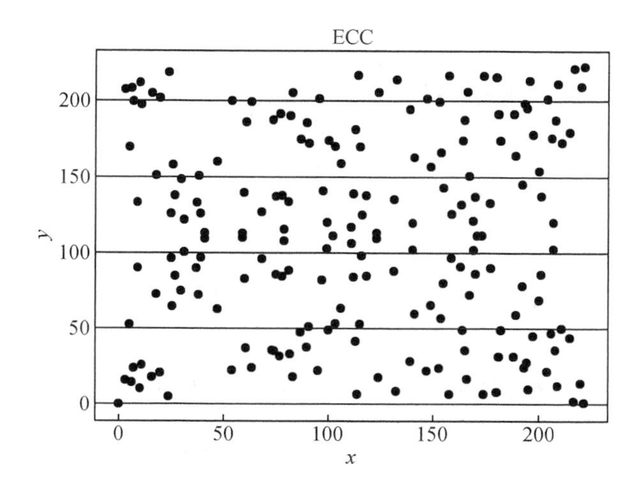

图 8.3　椭圆曲线 $y^2=x^3+x+3$（模 223）

定理 8.4　F_p 上的椭圆曲线 E 是一个循环群，其阶可以按以下公式计算

$$\#(E(F_p))=1+\sum_{x=0}^{p-1}\left(1+\left(\frac{x^3+a_1x+a_2}{p}\right)\right)=P+1+\sum_{x=0}^{p-1}\left(\frac{x^3+a_1x+a_2}{p}\right)$$

下面给出两个椭圆曲线循环加群的直观的例子。图 8.4 给出了椭圆曲线 $y^2=x^3+x+3$（模 53）上所有点，由线段连接起来的所有点构成一个循环加群。其中，点 1 设为原点，标号为 2 的点是原点的 2 倍点，标号为 3 的点是原点的 3 倍点，以此类推，并且原点是自己的 12 倍点。图 8.5 给出了椭圆曲线 $y^2=x^3+x+3$（模 17）上所有点，由线段连接起来的所有点构成一个循环加群。这两个图是由 8.3.1 节的代码自动生成的。

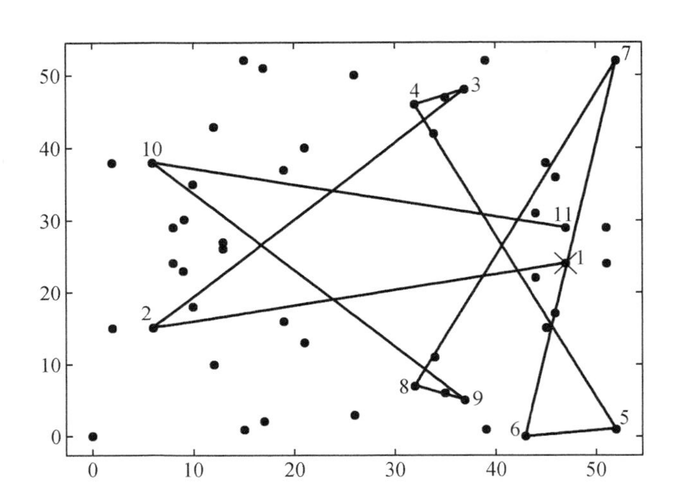

图 8.4　椭圆曲线 $y^2=x^3+x+3$（模 53）构成的一个循环加群

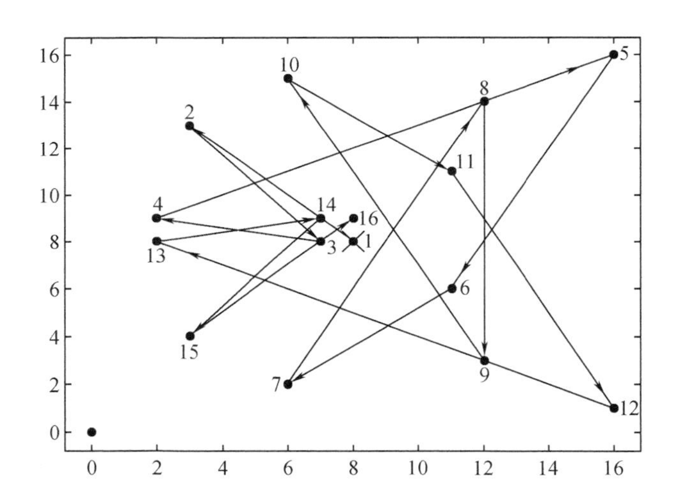

图 8.5　椭圆曲线 $y^2=x^3+x+3$（模 17）构成的一个循环加群

例 8.3　已知 F_{17} 上有椭圆曲线 $E:y^2=x^3+2x+3$，求出该椭圆曲线的全部点以及阶。

解：

对 $x=0,1,2,3,4,5,6,7,8,9,10,11,12,13,14,15,16$，分别求出 y。

$x=0,y^2=3(\bmod 17)$，无解；

$x=4,y^2=6(\bmod 17)$，无解；

$x=2,y^2=15(\bmod 17),y=7,10(\bmod 17)$；

$x=3, y^2=2(\bmod 17), y=6,11(\bmod 17)$；

$x=4, y^2=7(\bmod 17)$，无解，；$x=5, y^2=2(\bmod 17), y=6,11(\bmod 17)$；

$x=6, y^2=10(\bmod 17)$，无解；

$x=7, y^2=3(\bmod 17)$，无解；

$x=8, y^2=4(\bmod 17), y=2,15(\bmod 17)$；

$x=9, y^2=2(\bmod 17), y=6,11(\bmod 17)$；

$x=10, y^2=3(\bmod 17)$，无解；

$x=11, y^2=13(\bmod 17), y=8,9(\bmod 17)$；

$x=12, y^2=4(\bmod 17), y=2,15(\bmod 17)$；

$x=13, y^2=16(\bmod 17), y=4,13(\bmod 17)$；

$x=14, y^2=4(\bmod 17), y=2,15(\bmod 17)$；

$x=15, y^2=8(\bmod 17), y=5,12(\bmod 17)$；

$x=16, y^2=0(\bmod 17), y=0(\bmod 17)$。

椭圆曲线的阶为

$$\#(E(F_{17})) = 17+1+\sum_{x=0}^{17-1}\left(\frac{x^3+2x+3}{17}\right) = 22$$

例 8.4 已知 F_{17} 上有椭圆曲线 $E: y^2=x^3+2x+3$，E 上有两点 $P=(2,7)$，$Q=(11,8)$。求

$$P+Q=(x_3,y_3), 2P=(x_4,y_4), 4P=(x_5,y_5), 8P=(x_6,y_6),$$
$$10P=(x_7,y_7), 11P=(x_8,y_8), 22P。$$

解：

令 $x_1=2, y_1=7, x_2=11, y_2=8$，则 $\lambda_1=\dfrac{y_2-y_1}{x_2-x_1}=2$，

$$x_3=\lambda_1^2-x_1-x_2=8, y_3=\lambda_1(x_1-x_3)-y_1=15$$

$\lambda_2=\dfrac{3x_1^2+a_1}{2y_1}=1$，

$$x_4=\lambda_2^2-2x_1=14, y_4=\lambda_2(x_1-x_4)-y_1=15$$

$\lambda_3=\dfrac{3x_4^2+a_1}{2y_4}=14$，

$$x_5=\lambda_3^2-2x_4=15, y_5=\lambda_3(x_4-x_5)-y_4=5$$

$\lambda_4=\dfrac{3x_5^2+a_1}{2y_5}=15$，

$$x_6=\lambda_4^2-2x_5=8, y_6=\lambda_4(x_5-x_6)-y_5=15$$

$\lambda_5=\dfrac{y_6-y_4}{x_6-x_4}=0$，

$$x_7=\lambda_5^2-x_4-x_6=12, y_7=\lambda_5(x_4-x_7)-y_4=2$$

$\lambda_6=\dfrac{y_7-y_1}{x_7-x_1}=8$，

$$x_8=\lambda_6^2-x_1-x_7=16, y_8=\lambda_6(x_1-x_8)-y_1=0$$

因为过点 $11P=(x_8,y_8)=(16,0)$ 的切线垂直于 x 轴，所以 $22P=2(11P)=O$（无穷远点）。

例 8.5 已知 F_{17} 上有椭圆曲线 $E:y^2=x^3+3x+1$，求出该椭圆曲线的全部点以及阶。

解：

对 $x=0,1,2,3,4,5,6,7,8,9,10,11,12,13,14,15,16$，分别求出 y。

$x=0, y^2=1(\mathrm{mod}\ 17), y=1,16(\mathrm{mod}\ 17)$，

$x=1, y^2=5(\mathrm{mod}\ 17)$，无解，

$x=2, y^2=15(\mathrm{mod}\ 17), y=7,10(\mathrm{mod}\ 17)$，

$x=3, y^2=3(\mathrm{mod}\ 17)$，无解，

$x=4, y^2=9(\mathrm{mod}\ 17), y=3,14(\mathrm{mod}\ 17)$，

$x=5, y^2=5(\mathrm{mod}\ 17)$，无解，

$x=6, y^2=14(\mathrm{mod}\ 17)$，无解，

$x=7, y^2=8(\mathrm{mod}\ 17), y=5,12(\mathrm{mod}\ 17)$，

$x=8, y^2=10(\mathrm{mod}\ 17)$，无解，

$x=9, y^2=9(\mathrm{mod}\ 17), y=3,14(\mathrm{mod}\ 17)$，

$x=10, y^2=11(\mathrm{mod}\ 17)$，无解，

$x=11, y^2=5(\mathrm{mod}\ 17)$，无解，

$x=12, y^2=14(\mathrm{mod}\ 17)$，无解，

$x=13, y^2=10(\mathrm{mod}\ 17)$，无解，

$x=14, y^2=16(\mathrm{mod}\ 17), y=4,13(\mathrm{mod}\ 17)$，

$x=15, y^2=4(\mathrm{mod}\ 17), y=2,15(\mathrm{mod}\ 17)$，

$x=16, y^2=14(\mathrm{mod}\ 17)$，无解。

椭圆曲线的阶为

$$\#(E(F_{17}))=17+1+\sum_{x=0}^{17-1}\left(\frac{x^3+3x+3}{17}\right)=15$$

例 8.6 已知 F_{17} 上有椭圆曲线 $E:y^2=x^3+3x+1$，E 上有一点 $P=(2,7)$。求 $2P=(x_2,y_2)$，$3P=(x_3,y_3)$，$4P=(x_4,y_4)$，$5P=(x_5,y_5)$，$6P=(x_6,y_6)$，$7P=(x_7,y_7)$，$8P=(x_8,y_8)$，$9P=(x_9,y_9)$，$10P=(x_{10},y_{10})$，$11P=(x_{11},y_{11})$，$12P=(x_{12},y_{12})$，$13P=(x_{13},y_{13})$，$14P=(x_{14},y_{14})$。

解：

令 $x_1=2, y_1=7$，则

$\lambda_2=\dfrac{3x_1^2+a_1}{2y_1}=12$，

$$x_2=\lambda_2^2-2x_1=4, y_2=\lambda_2(x_1-x_2)-y_1=3$$

$\lambda_3=\dfrac{y_2-y_1}{x_2-x_1}=15$，

$$x_3=\lambda_3^2-x_1-x_2=15, y_3=\lambda_3(x_1-x_3)-y_1=2$$

$\lambda_4 = \frac{3x_2^2 + a_1}{2y_2} = 0$,

$$x_4 = \lambda_4^2 - 2x_1 = 9, y_4 = \lambda_4(x_2 - x_4) - y_2 = 14$$

$\lambda_5 = \frac{y_4 - y_1}{x_4 - x_1} = 1$,

$$x_5 = \lambda_5^2 - x_1 - x_4 = 7, y_5 = \lambda_5(x_1 - x_5) - y_1 = 5$$

$\lambda_6 = \frac{y_4 - y_2}{x_4 - x_2} = 9$,

$$x_6 = \lambda_6^2 - x_2 - x_4 = 0, y_6 = \lambda_6(x_2 - x_6) - y_2 = 16$$

$\lambda_7 = \frac{y_6 - y_1}{x_6 - x_1} = 4$,

$$x_7 = \lambda_7^2 - x_1 - x_6 = 14, y_7 = \lambda_7(x_1 - x_7) - y_1 = 13$$

$\lambda_8 = \frac{3x_4^2 + a_1}{2y_4} = 10$,

$$x_8 = \lambda_8^2 - 2x_4 = 14, y_8 = \lambda_8(x_4 - x_6) - y_4 = 4$$

$\lambda_9 = \frac{y_8 - y_1}{x_8 - x_1} = 4$,

$$x_9 = \lambda_9^2 - x_1 - x_8 = 0, y_9 = \lambda_9(x_1 - x_9) - y_1 = 1$$

$\lambda_{10} = \frac{y_8 - y_2}{x_8 - x_2} = 12$,

$$x_{10} = \lambda_{10}^2 - x_2 - x_8 = 7, y_{10} = \lambda_{10}(x_2 - x_{10}) - y_2 = 12$$

$\lambda_{11} = \frac{y_{10} - y_1}{x_{10} - x_1} = 1$,

$$x_{11} = \lambda_{11}^2 - x_1 - x_{10} = 9, y_{11} = \lambda_{11}(x_1 - x_{11}) - y_1 = 3$$

$\lambda_{12} = \frac{y_8 - y_4}{x_8 - x_4} = 15$,

$$x_{12} = \lambda_{12}^2 - x_4 - x_8 = 15, y_{12} = \lambda_{12}(x_4 - x_{12}) - y_4 = 15$$

$\lambda_{13} = \frac{y_{12} - y_1}{x_{12} - x_1} = 15$,

$$x_{13} = \lambda_{13}^2 - x_1 - x_{12} = 4, y_{13} = \lambda_{13}(x_1 - x_{13}) - y_1 = 14$$

$\lambda_{14} = \frac{y_{12} - y_2}{x_{12} - x_2} = 15$,

$$x_{14} = \lambda_{14}^2 - x_2 - x_{12} = 2, y_{14} = \lambda_{14}(x_2 - x_{14}) - y_2 = 10$$

最后,$14P = -P$,$15P = O$(无穷远点)。

例8.7　已知F_{23}上的椭圆曲线$E: y^2 = x^3 + 3x + 1$,E上有一点$p = (x_1, y_1) = (5,16)$。求点P生成的群G。

解:

根据公式,有

$$\#(E(F_p)) = p + 1 + \sum_{x=0}^{p-1} (\frac{x^3 + a_4x + a_6}{p}) = 23 + 1 - 9 = 15$$

设 $kP = (x_k, y_k)$,根据公式有

$\lambda_2 = \frac{3x_1^2 + a_1}{2y_1} = 1$,

$$x_2 = \lambda_2{}^2 - 2x_1 = 14, y_2 = \lambda_2(x_1 - x_2) - y_1 = 21$$

$\lambda_3 = \frac{y_2 - y_1}{x_2 - x_1} = 21$,

$$x_3 = \lambda_3{}^2 - x_1 - x_2 = 8, y_3 = \lambda_3(x_1 - x_3) - y_1 = 13$$

$\lambda_4 = \frac{y_3 - y_1}{x_3 - x_1} = 22$,

$$x_4 = \lambda_4{}^2 - x_1 - x_3 = 11, y_4 = \lambda_4(x_1 - x_4) - y_1 = 13\mathrm{D}\lambda_5 = \frac{y_4 - y_1}{x_4 - x_1} = 11,$$

$$x_5 = \lambda_5{}^2 - x_1 - x_4 = 13, y_5 = \lambda_5(x_1 - x_5) - y_1 = 11$$

$\lambda_6 = \frac{y_5 - y_1}{x_5 - x_1} = 8$,

$$x_6 = \lambda_6{}^2 - x_1 - x_5 = 0, y_6 = \lambda_6(x_1 - x_6) - y_1 = 1$$

$\lambda_7 = \frac{y_6 - y_1}{x_6 - x_1} = 3$,

$$x_7 = \lambda_7{}^2 - x_1 - x_6 = 4, y_7 = \lambda_7(x_1 - x_7) - y_1 = 10$$

$\lambda_8 = \frac{y_7 - y_1}{x_7 - x_1} = 6$,

$$x_8 = \lambda_8{}^2 - x_1 - x_7 = 4, y_8 = \lambda_8(x_1 - x_8) - y_1 = 13$$

$\lambda_9 = \frac{y_8 - y_1}{x_8 - x_1} = 1$,

$$x_9 = \lambda_9{}^2 - x_1 - x_8 = 0, y_9 = \lambda_9(x_1 - x_9) - y_1 = 22$$

$\lambda_{10} = \frac{y_9 - y_1}{x_9 - x_1} = 8$,

$$x_{10} = \lambda_{10}{}^2 - x_1 - x_9 = 13, y_{10} = \lambda_{10}(x_1 - x_{10}) - y_1 = 12$$

$\lambda_{11} = \frac{y_{10} - y_1}{x_{10} - x_1} = 11$,

$$x_{11} = \lambda_{11}{}^2 - x_1 - x_{10} = 11, y_{11} = \lambda_{11}(x_1 - x_{11}) - y_1 = 10$$

$\lambda_{12} = \frac{y_{11} - y_1}{x_{11} - x_1} = 22$,

$$x_{12} = \lambda_{12}{}^2 - x_1 - x_{11} = 8, y_{12} = \lambda_{12}(x_1 - x_{12}) - y_1 = 10$$

$\lambda_{13} = \frac{y_{12} - y_1}{x_{12} - x_1} = 21$,

$$x_{13} = \lambda_{13}{}^2 - x_1 - x_{12} = 14, y_{13} = \lambda_{13}(x_1 - x_{13}) - y_1 = 2$$

$\lambda_{14} = \frac{y_{13} - y_1}{x_{13} - x_1} = 1$，

$$x_{14} = \lambda_{14}^2 - x_1 - x_{13} = 5, y_{14} = \lambda_{14}(x_1 - x_{14}) - y_1 = 7$$

$\lambda_{15} = \frac{y_{14} - y_1}{x_{14} - x_1} = \infty$，$(x_{15}, y_{15}) = O$。

8.3　椭圆曲线的应用

在学习了椭圆曲线之后，不禁会问，椭圆曲线能干什么？

其实，在密码学中，椭圆曲线的应用十分广泛，例如加密、解密、签名和生成软件序列号等都会应用到椭圆曲线的知识。椭圆曲线上的加密/解密等公开密钥算法总是要基于一个数学上的难题。例如，在 RSA 中，给定两个素数 p,q，很容易相乘得到 n，而对 n 进行因式分解却相对困难。椭圆曲线上有什么难题呢？

8.3.1　椭圆曲线实现

对于类似例 8.7 这样的问题，可以通过代码求曲线上的所有点，并在平面上把点画出来。下面用代码来展示一下如何计算椭圆曲线上的所有点，并求由任意点生成的循环群。

以下代码首先导入了一个 collections 包，用于处理集合方面的操作。函数 inv(n,q)计算模 q 的情况下 n 的逆元，sqrt(n,q)计算模 q 的情况下 n 的平方根，类 EC 是程序的主体部分。EC 的__init()__方法是初始化椭圆曲线，get_allpoints()方法是获取椭圆曲线上的所有点，show_allpoints()方法将椭圆曲线的所有点描绘出来，*at*()方法是根据输入横坐标 x，计算椭圆曲线上的坐标(x,y)；neg()方法是根据输入的点 P，求点 $-P$；add()方法是根据输入的点 P_1, P_2，计算 $P_3 = P_1 + P_2$；mul()方法根据输入点 P 和 n，计算点 nP；order()方法根据给定点 P 计算由 P 生成的循环群的阶，show_ng()方法绘制椭圆曲线的散点图。主函数指定参数生成特定曲线，生成椭圆曲线上的所有点，并计算输出了由每个点所生成的循环子群。

```
1.# - * - coding: utf -8  - * -
2.importmatplotlib.pyplot as plt
3.import collections
4.from random importrandrange
5.
6.
7.def inv(n, q):
8.    """
9.    """
10.    for i in range(q):
11.        if (n * i)% q = = 1:
12.            return i
```

```
13.         pass
14.     assert False,"unreached"
15.     pass
16.
17.def sqrt(n, q):
18.     """sqrt on PN modulo: returns two numbers or exception if not exist
19.     >>> assert (sqrt(n, q)[0] ** 2)% q == n
20.     >>> assert (sqrt(n, q)[1] ** 2)% q == n
21.     """
22.     assert n < q
23.     for i in range(1, q):
24.         if i * i % q == n:
25.             return (i, q - i)
26.         pass
27.     return (0, 0)
28.
29.
30.Coord = collections.namedtuple("Coord", ["x", "y"])
31.
32.
33.class EC(object):
34.     """System of Elliptic Curve"""
35.
36.     def __init__(self, a, b, q):
37.         """ elliptic curve as: (y**2 = x**3 + a * x + b)mod q
38.          - a, b: params of curve formula
39.          - q: prime number
40.         """
41.         assert 0 < aand a < q and 0 < b and b < q and q > 2
42.         assert (4 * (a ** 3) + 27 * (b ** 2))% q != 0
43.         self.a = a
44.         self.b = b
45.         self.q = q
46.         # justas unique ZERO value representation for "add": (not on curve)
47.         self.zero = Coord(0, 0)
48.         self.Ecc_points = []
49.         self.Ecc_points.append(self.zero)
50.         self.get_allpoints()
51.         pass
52.
```

```
53.    def get_allpoints(self):
54.
55.        for x in range(self.q):
56.            ysq = (x * * 3 + self.a * x + self.b)% self.q
57.            y, my = sqrt(ysq, self.q)
58.            if y = = 0 and my = = 0:
59.                continue
60.            p1, p2 = self.at(x)  #椭圆曲线上的点
61.            self.Ecc_points.append(p1)
62.            self.Ecc_points.append(p2)
63.
64.
65.    def show_allpoints(self):
66.        # = = = = = = = = = = = = = = = = = = = = = = = = = = = = = show points = =
= = = = = = = = = = = = = = = = = = = = = = = = =
67.
68.        #print(self.Ecc_points)
69.        scater_x = []
70.        scater_y = []
71.        for index in range(len(self.Ecc_points)):
72.            print(index, self.Ecc_points[index])
73.            scater_x.append(self.Ecc_points[index].x)
74.            scater_y.append(self.Ecc_points[index].y)
75.        #绘制散点图
76.        plt.scatter(scater_x, scater_y, color ='red')
77.
78.        plt.grid(axis ='y')
79.        #添加 x 轴和 y 轴标签
80.        plt.xlabel('x')
81.        plt.ylabel('y')
82.        #添加标题
83.        plt.title('ECC')
84.        #显示图形
85.        mng = plt.get_current_fig_manager()
86.        #mng.window.state("zoomed")
87.        plt.show()
88.        # = = = = = = = = = = = = = = = = = = = = = = = = = = = = = = = = = = = = =
= = = = = = = = =
89.    def is_valid(self, p):
90.        if p = = self.zero: return True
```

```
91.          l = (p.y * * 2)% self.q
92.          r = ((p.x * * 3) + self.a * p.x + self.b)% self.q
93.          return l = = r
94.
95.
96.      def at(self, x):
97.          """
98.          """
99.          assert x < self.q
100.         ysq = (x * * 3 + self.a * x + self.b)% self.q
101.         y, my = sqrt(ysq, self.q)
102.         return Coord(x, y), Coord(x, my)
103.
104.     def neg(self, p):
105.         """negate p
106.         """
107.         return Coord(p.x, -p.y % self.q)
108.
109.     def add(self, p1, p2):
110.         """ <add > of elliptic curve: negate of 3rd cross point of (p1,p2)
line
111.         # > > > d = ec.add(a, b)
112.         # > > > assertec.is_valid(d)
113.         # > > > assertec.add(d, ec.neg(b)) = = a
114.         # > > > assertec.add(a, ec.neg(a)) = = ec.zero
115.         # > > > assertec.add(a, b) = = ec.add(b, a)
116.         # > > > assertec.add(a, ec.add(b, c)) = = ec.add(ec.add(a, b), c)
117.         """
118.         if p1 = = self.zero: return p2
119.         if p2 = = self.zero: return p1
120.         if p1.x = = p2.x and (p1.y ! = p2.y or p1.y = = 0):
121.             #p1 + -p1 = = 0
122.             return self.zero
123.         if p1.x = = p2.x:
124.             #p1 + p1:use tangent line of p1 as (p1,p1)line
125.             l = (3 * p1.x * p1.x +self.a) * inv(2 * p1.y, self.q)% self.q
126.             pass
127.         else:
128.             l = (p2.y - p1.y) * inv(p2.x - p1.x, self.q)% self.q
129.             pass
```

```
130.        x = (l * l - p1.x - p2.x)% self.q
131.        y = (l * (p1.x - x) - p1.y)% self.q
132.        return Coord(x, y)
133.
134.
135.    def mul(self, p, n):
136.        """n times <mul > of elliptic curve
137.        # > > > m =ec.mul(p, n)
138.        # > > > assertec.is_valid(m)
139.        # > > > assertec.mul(p, 0) = = ec.zero
140.        """
141.        r =self.zero
142.        m2 = p
143.        # O(log2(n))add
144.        while 0 < n:
145.            if n & 1 = = 1:
146.                r =self.add(r, m2)
147.                pass
148.            n, m2 = n > > 1,self.add(m2, m2)
149.            pass
150.        #[ref] O(n)add
151.        #for i in range(n):
152.        #    r =self.add(r, p)
153.        #    pass
154.        return r
155.
156.    def order(self, g):
157.        """order of point g
158.        # > > > o =ec.order(g)
159.        # > > > assert ec.is_valid(a)and ec.mul(a, o) = = ec.zero
160.        # > > > assert o < =ec.q
161.        """
162.        assertself.is_valid(g)and g ! = self.zero
163.        for i in range(1, self.q + 1):
164.            if self.mul(g, i) = = self.zero:
165.                return i
166.            pass
167.        return i
168.
169.    pass
```

```
170.
171.    def show_ng(self):
172.        # shared elliptic curve system of examples
173.
174.        # printall  points in consloe
175.        print("ec.a,ec.b,ec.q =: {},{},{}".format(self.a, self.b, self.
q))
176.        for x in range(1, self.q - 1):
177.            ysq = (x ** 3 + self.a * x + self.b)% self.q
178.            y, my =sqrt(ysq, self.q)
179.            if y == 0 and my == 0:
180.                continue
181.            g,gk = self.at(x)
182.            #if not ec.is_valid(g):
183.            #continue
184.            print("order is {}".format(self.order(g)))
185.            print(gk.x, gk.y, end='')
186.            gi = g
187.            for i in range(1, self.q + self.q):
188.                gi = self.add(gi, g)
189.                print("(", gi.x, gi.y, ")", end='')
190.                if g.x == gi.x and g.y == gi.y:
191.                    break
192.            print()
193.        print()
194.        print("ec.a,ec.b,ec.q =: {},{},{}".format(self.a, self.b, self.
q))
195.        pass
196.
197.
198.        fig, ax =plt.subplots()
199.        # show all points
200.
201.        scater_x = []
202.        scater_y = []
203.        for index in range(len(self.Ecc_points)):
204.            print(index, self.Ecc_points[index])
205.            scater_x.append(self.Ecc_points[index].x)
206.            scater_y.append(self.Ecc_points[index].y)
207.        #绘制散点图
```

```
208.         ax.scatter(scater_x, scater_y, color='green')
209.
210.         # show each points of ng, step by step
211.
212.         while True:
213.             r =randrange(self.q)
214.             g, gg = ec.at(r)
215.             if g.x == gg.x and g.y == gg.y:
216.                 continue
217.             if ec.order(g) > 4 :
218.                 break
219.         pass
220.         gi = g
221.         gii =g
222.
223.         ax.plot(gi.x, gi.y, 'rx', label="point", markersize=15)
224.         for i in range(2, ec.order(g)):
225.             ax.text(gi.x+0.1, gi.y, i-1 )
226.             gii = gi
227.             gi = ec.mul(g,i)
228.             print("(", gi.x, gi.y, ")", end='')
229.             ax.plot(gi.x,gi.y,'ro')
230.             dx = (gi.x - gii.x)*0.9
231.             dy = (gi.y - gii.y)*0.9
232.             ax.arrow(gii.x, gii.y, dx, dy, head_width=0.3)
233.             ax.plot([gii.x+dx, gii.x+dx/0.9], [gii.y+dy, gii.y+dy/0.
9],color='b')
234.         ax.text(gi.x + 0.1, gi.y, i)
235.         pass
236.         mng = plt.get_current_fig_manager()
237.         #mng.window.state("zoomed")
238.         plt.show()
239.
240.
241.if __name__ == "__main__":
242.     print("**************ECC椭圆曲线加密*************
*")
243.     a = 1
244.     b = 3
245.     q =53   #choose from 17,23,43,53,221,223
```

```
246.    ec = EC(a, b, q)
247.
248.    # show all points on the ECC
249.    ec.show_allpoints()
250.
251.    # show all points n times point g
252.ec.show_ng()
```

运行结果如下所示:(为了视觉上的美观,进行了调整)

```
* * * * * * * * * * * * * ECC 椭圆曲线加密 * * * * * * * * * * * * *
0  Coord(x=0, y=0)
1  Coord(x=2, y=15)
2  Coord(x=2, y=38)
3  Coord(x=6, y=15)
4  Coord(x=6, y=38)
5  Coord(x=8, y=24)
6  Coord(x=8, y=29)
7  Coord(x=9, y=23)
8  Coord(x=9, y=30)
.....
39  Coord(x=46, y=17)
40  Coord(x=46, y=36)
41  Coord(x=47, y=24)
42  Coord(x=47, y=29)
43  Coord(x=51, y=24)
44  Coord(x=51, y=29)
45  Coord(x=52, y=1)
46  Coord(x=52, y=52)
ec.a,ec.b,ec.q =: 1,3,53
order is 16
238( 39 52 )( 13 27 )( 37 48 )( 10 35 )( 34 11 )( 46 17 )( 43 0 )( 46 36 )( 34 42 )( 10
18 )( 37 5 )( 13 26 )( 39 1 )( 2 38 )( 0 0 )( 2 15 )
order is 6
638( 32 46 )( 43 0 )( 32 7 )( 6 38 )( 0 0 )( 6 15 )
order is 48
.....
order is 16
4636( 39 1 )( 10 35 )( 37 5 )( 13 27 )( 34 42 )( 2 15 )( 43 0 )( 2 38 )( 34 11 )( 13 26
)( 37 48 )( 10 18 )( 39 52 )( 46 36 )( 0 0 )( 46 17 )
order is 12
```

```
    4729( 6 15 )( 37 48 )( 32 46 )( 52 1 )( 43 0 )( 52 52 )( 32 7 )( 37 5 )( 6 38 )( 47 29
)( 0 0 )( 47 24 )
    order is 48
    51 29( 15 52 )( 2 38 )( 52 52 )( 45 38 )( 39 1 )( 9 30 )( 6 15 )( 13 26 )( 26 50 )( 35
6 )( 37 5 )( 12 10 )( 44 22 )( 10 18 )( 32 46 )( 17 51 )( 34 42 )( 8 24 )( 47 29 )( 46 36
)( 19 37 )( 21 40 )( 43 0 )( 21 13 )( 19 16 )( 46 17 )( 47 24 )( 8 29 )( 34 11 )( 17 2 )(
32 7 )( 10 35 )( 44 31 )( 12 43 )( 3748 )( 35 47 )( 26 3 )( 13 27 )( 6 38 )( 9 23 )( 39 52
)( 45 15 )( 52 1 )( 2 15 )( 15 1 )( 51 29 )( 0 0 )( 51 24 )
    ec.a,ec.b,ec.q = : 1,3,53
    0  Coord(x=0, y=0)
    1  Coord(x=2, y=15)
    2  Coord(x=2, y=38)
    3  Coord(x=6, y=15)
    4  Coord(x=6, y=38)
    5  Coord(x=8, y=24)
    6  Coord(x=8, y=29)
    7  Coord(x=9, y=23)
    8  Coord(x=9, y=30)
    .....
    36  Coord(x=44, y=31)
    37  Coord(x=45, y=15)
    38  Coord(x=45, y=38)
    39  Coord(x=46, y=17)
    40  Coord(x=46, y=36)
    41  Coord(x=47, y=24)
    42  Coord(x=47, y=29)
    43  Coord(x=51, y=24)
    44  Coord(x=51, y=29)
    45  Coord(x=52, y=1)
    46  Coord(x=52, y=52)
    ( 6 15 )( 37 48 )( 32 46 )( 52 1 )( 43 0 )( 52 52 )( 32 7 )( 37 5 )( 6 38 )( 47 29 )
```

8.3.2　椭圆曲线上的公钥密码体制

考虑 $K=kG$,其中 K,G 为 $E_p(a,b)$ 上的点,k 为小于 n(n 是点 G 的阶)的整数。给定 k 和 G,根据加法法则,计算 K 很容易,但给定 K 和 G,求 k 就相对困难了。其中点 G 为基点,k($k<n$,n 为基点 G 的阶)为私钥,K 为公钥。

(1)初始化算法:

①用户 A 选定一条椭圆曲线 $E_p(a,b)$,并取椭圆曲线上的一点为基点 G;

②用户 A 选择一个私钥 k,并生成公钥 $K=kG$;

③用户 A 将 $E_p(a,b)$ 和公钥 K、基点 G 公开给用户 B。

(2)加密算法

①用户 B 接到信息后,将待传输的明文编码到 $E_p(a,b)$ 上的一点 M,并产生一个随机整数 $r(r<n)$;

②用户 B 计算点 $C_1=M+rK$;$C_2=rG$;

③用户 B 将 C_1、C_2 传给用户 A。

(3)解密算法

①用户 A 接到信息后,计算 C_1-kC_2,结果就是点 M

$$C_1-kC_2=M+rK-k(rG)=M+r(kG)-k(rG)=M$$

在对点 M 进行解码就可以得到明文。

②纵观整个 ECC 加密解密的过程,即使有敌手 E,也只能看到 $E_p(a,b)$、G、C_1、C_2,而通过 K 和 G 求 k 或者通过 C_2 和 G 求 r 都是相对困难的,因此,E 无法得到 A、B 间传送的明文信息。

描述一条 F_p 上的椭圆曲线,常用到六个参量:$T=(p,a,b,G,n,h)$。p、a、b 用来确定一条椭圆曲线;G 为基点;n 为点 G 的阶;h 是椭圆曲线上的所有点的个数模 n 所得的余数;p 越大越安全,但越大,计算速度会变慢,200 位左右可以满足一般安全要求。

8.3.3 椭圆曲线上的公钥密码算法实现

下面将使用 python 代码来实现椭圆曲线 F_p 上的公钥密码算法,类 Elgamal_Ecc 的__init__()方法进行初始化,init_Para()方法生成基点 G,gen()方法生成公钥,get_indexofPoint()方法获得点的索引值,get_PointofPoints()方法获得椭圆曲线的坐标,enc()方法将明文加密后映射为椭圆曲线上的点,dec()方法将椭圆曲线上的点进行解密。主函数根据用户设定的参数生成椭圆曲线,并生成私钥,演示了加密和解密的过程。

```
1.# -*- coding: utf-8 -*-
2.import collections
3.from ECC import *
4.import random
5.Coord = collections.namedtuple("Coord", ["x", "y"])
6.
7.class Elgamal_Ecc(object):
8.    def __init__(self, ec):
9.        """elliptic curve as: (y**2 = x**3 + a * x + b) mod q
10.       """
11.       self.Ecc = ec
12.       self.G = Coord(0, 0)
```

```
13.
14.         self.Pub = Coord(0, 0)
15.         self.init_Para()
16.         self.Ecc_points = self.Ecc.Ecc_points
17.         pass
18.
19.     def init_Para(self):
20.         """generate G
21.         """
22.         while True:
23.             r =randrange(self.Ecc.q)
24.             g, gg = self.Ecc.at(r)
25.             if g.x = = gg.x and g.y = = gg.y:
26.                 continue
27.             if self.Ecc.order(g) > 10:
28.                 break
29.         pass
30.         self.G = g
31.
32.     def gen(self, x):
33.         """produce public key, which is point xG
34.         """
35.
36.         return self.Ecc.mul(self.G, x)
37.
38.     def get_indexofPoint(self, point):
39.         for index in range(len(self.Ecc_points)):
40.             if (self.Ecc_points[index][0] = = point.x):
41.                 if (self.Ecc_points[index][1] = = point.y):
42.                     return index
43.         return 0
44.
45.     def get_PointofPoints(self, index):
46.         m_x = self.Ecc_points[index][0]
47.         m_y = self.Ecc_points[index][1]
48.         return Coord(m_x, m_y)
49.
50.
51.     def enc(self, plain_text, pub):
52.         c = []
```

```
53.        for char in plain_text:
54.            r =random.randint(2,10)    #r is a random number
55.            c1 =self.Ecc.mul(self.G, r)   # kG
56.            rQx = self.Ecc.mul(pub, r)
57.            intchar = ord(char)
58.            point =self.get_PointofPoints(intchar)   # 映射为椭圆曲线上的点
59.            c2 =self.Ecc.add(rQx, point)
60.            c.append([c1, c2])
61.        return c
62.
63.    def dec(self, cipher, priv):
64.        dectext = []
65.        for ch in cipher:
66.            c1, c2 =ch
67.            point =self.Ecc.mul(c1, priv)
68.            p =Coord(point.x, -point.y)
69.            m2 =self.Ecc.add(c2, p)
70.            dectext.append(chr(self.get_indexofPoint(m2)))
71.        return dectext
72.
73.if __name__ == "__main__":
74.    print("*************ECC encrpyt and decrypt*********
****")
75.    a = 1
76.    b = 3
77.    q =223   # choose from 17,23,43,53,221,223
78.    ec = EC(a, b, q)
79.    Elgamal_Ecc = Elgamal_Ecc(ec)
80.
81.    # show all points on the ECC
82.    #Elgamal_Ecc.Ecc.show_allpoints()
83.
84.    #user  key
85.    priv = 32
86.    # gen public key
87.    pub =Elgamal_Ecc.gen(priv)
88.    print("the private key is {}:".format(priv))
89.    print("the primitive point of ECC is ({},{}):".format(Elgamal_Ecc.G.x,
Elgamal_Ecc.G.y))
90.    print("Order of the point is {}:".format(Elgamal_Ecc.Ecc.order(Elgam-
al_Ecc.G)))
```

```
91.
92.    print("the publi key is point ({}, {}):".format(pub.x, pub.y))
93.    #
94.    plain_text = "My number is 2312"
95.    print("plain text is:" + plain_text)
96.    cipher =Elgamal_Ecc.enc(plain_text, pub)
97.
98.    print("the cipher is:" + "")
99.    for i in cipher:
100.       print(i)
101.
102.    dectext = Elgamal_Ecc.dec(cipher, priv)
103.    print("The decrypted text is:")
104.    print(dectext)
```

直接采用上述的 python 代码来进行试验。其中私钥为 32，椭圆曲线上取得的本源的点为(27,85)，阶为 51，公钥为(77,32)，明文消息为：My number is2312，密文是针对每个字符的 ASCII 码加密，由两个点构成，比如第一个字母 *M* 所对应的密文的点是((54,200)、(3,207))。如果多次运行这段代码会发现 *M* 每次所对应的密文是不一样的，这是因为加密时引入了随机数。运行结果如图 8.6 所示。

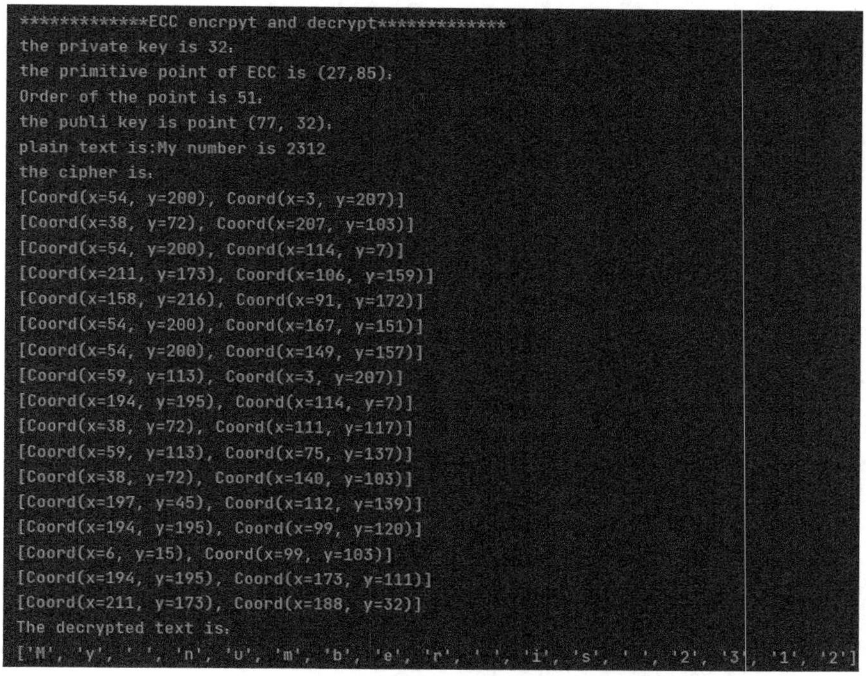

```
*************ECC encrpyt and decrypt*************
the private key is 32:
the primitive point of ECC is (27,85):
Order of the point is 51:
the publi key is point (77, 32):
plain text is:My number is 2312
the cipher is:
[Coord(x=54, y=200), Coord(x=3, y=207)]
[Coord(x=38, y=72), Coord(x=207, y=103)]
[Coord(x=54, y=200), Coord(x=114, y=7)]
[Coord(x=211, y=173), Coord(x=106, y=159)]
[Coord(x=158, y=216), Coord(x=91, y=172)]
[Coord(x=54, y=200), Coord(x=167, y=151)]
[Coord(x=54, y=200), Coord(x=149, y=157)]
[Coord(x=59, y=113), Coord(x=3, y=207)]
[Coord(x=194, y=195), Coord(x=114, y=7)]
[Coord(x=38, y=72), Coord(x=111, y=117)]
[Coord(x=59, y=113), Coord(x=75, y=137)]
[Coord(x=38, y=72), Coord(x=140, y=103)]
[Coord(x=197, y=45), Coord(x=112, y=139)]
[Coord(x=194, y=195), Coord(x=99, y=120)]
[Coord(x=6, y=15), Coord(x=99, y=103)]
[Coord(x=194, y=195), Coord(x=173, y=111)]
[Coord(x=211, y=173), Coord(x=188, y=32)]
The decrypted text is:
['M', 'y', ' ', 'n', 'u', 'm', 'b', 'e', 'r', ' ', 'i', 's', ' ', '2', '3', '1', '2']
```

图 8.6　椭圆曲线上的公钥密码算法运行结果

习　　题

1. 椭圆曲线 $E_{11}(1,6)$ 表示 $y^2 \equiv x^3 + x + 6 \pmod{11}$，求其上的所有点。

2. 写出 $GF(7)$ 上椭圆曲线 F_{17} 上有椭圆曲线 $E: y^2 = x^3 - 2$ 所有的点。计算曲线 E 上 $(3,2) + (5,5)$ 的和。计算曲线 E 上 $(3,2) + (3,2)$ 的和。

3. 证明：如 $P = (x,0)$ 是椭圆曲线上的点，则 $2P = O$。

4. 通过计算证明 $GF(5)$ 上的两条椭圆曲线 $E_1: y^2 = x^3 + 1$ 和 $E_2: y^2 = x^3 + 2$，它们生成的群是 6 阶的，但是两条曲线是不同构的。

5. 求 F_7 上所有椭圆曲线的阶。

6. 求 F_{7^2} 上所有椭圆曲线的阶。

7. 求 F_{2^4} 上所有椭圆曲线的阶。

8. 求 F_{2^8} 上所有椭圆曲线的阶。

第 9 章　组合数学与信息论

组合数学研究如何按照一定的规则来排列一组物体，包括排列的存在性、构造、计数和优化等多方面的问题。排列组合是组合数学中一个最基本的概念。所谓的排列，就是从给定个数的元素中取出指定个数的元素，并按照先后顺序进行排序。组合则是指从给定个数的元素中仅取出指定个数的元素，并不考虑选取的先后顺序。排列组合的中心问题是研究给定要求的排列和组合可能出现的情况总数。排列组合与古典概率论关系密切，通常情况下，在计算古典概率时都会通过求排列组合数来得到古典概率。本章给出了基于背包问题公钥算法的一个简单代码实现。

9.1　组合数学

本节讨论基本的排列和组合问题，并介绍几个与此相关的基本原理。

9.1.1　排列与组合

定义 9.1（排列与组合）　从 n 个不同元素中，任取 $m(m\leqslant n)$ 个元素（被取出的元素各不相同），按照一定的顺序排成一列，称为从 n 个不同元素中取出 m 个元素的一个排列。从 n 个不同元素中，任取 $m(m\leqslant n)$ 个元素并成一组，称为从 n 个不同元素中取出 m 个元素的一个组合。

在排列组合中有两个重要定理：加法原理和乘法原理。

定理 9.1（加法原理与乘法原理）　用事件发生的方式来说明排列组合的两个原理如下：

（1）加法原理。设事件 A 与事件 B 是两类不同的事件，事件 A 有 m 种产生方式，事件 B 有 n 种产生方式，则“事件 A 或者事件 B”有 $m+n$ 种产生方式。

（2）乘法原理。设事件 A 与事件 B 是两类不同的事件，事件 A 有 m 种产生方式，事件 B 有 n 种产生方式，则“事件 A 与事件 B”有 $m\times n$ 种产生方式。

例 9.1　微信支付密码通常由 6 位数字组成，请问猜测一次就猜中的概率是多少？

解：

密码的每一位数字的选择都有 10 种可能，即集合 $\{0,1,\cdots,9\}$ 中的一个数，每一位数字的选取是互不相关的事件。根据乘法原理，构造一个密码，共有 10^6 种可能性。所以猜测一次就中的概率为 $1/10^6=10^{-6}$。

例 9.2　已知两个集合 $A=\{1,2,3\}$，$B=\{a,b,c,d,e\}$，从 A 到 B 建立映射，问可建立多少个不同的映射？

解:

因 A 中有 3 个元素,则必须将这 3 个元素都在 B 中找到与之相对应的元素。根据乘法原理,因为 A 中每个元素在建立映射的过程中有 5 个选取的可能,所以共可以建立不同的映射数目为:$5\times5\times5=125$(种)。

定义 9.2 从 n 个不同的元素中,取 r 个按次序排列,称为从 n 中取 r 的排列,其排列数记为 $P(n,r)$(或者 P_n^r),且

$$P(n,r)=P_n^r=\frac{n!}{(n-r)!}$$

定义 9.3 从 n 个不同的元素中,取 r 个但不考虑选取的次序,称为从 n 中取 r 的组合,其组合数记为 $C(n,r)$(或者 C_n^r),且

$$C(n,r)=C_n^r=\frac{n!}{r!\ (n-r)!}$$

例 9.3 现有 5 个男生,7 个女生的一群人,需要从中选择 5 个人组成一个科研小组,但是男生 A 和女生 B 不能同时出现在科研小组中,问有多少种组合方法?

解:

从 12 人中选取 5 人的组合数

$$C(12,5)=792$$

而男生 A 和女生 B 同时出现的组合数为

$$C(10,3)=120$$

所以男生 A 和女生 B 不同时出现在科研小组的组合数为

$$C(12,5)-C(10,3)=672(种)。$$

例 9.4 求使下列性质同时成立的大于 6 700 的整数的个数。

(1)各位数字互异。

(2)数字 3 和 8 不出现。

解:

因为只能出现数字 0,1,2,4,5,6,7,9,所以整数的位数至多为 8 位。

(1)考虑 8 位整数。最高位不能为 0,因此 8 位整数有 $7\times P(7,7)$ 个。

(2)考虑 7 位整数。最高位不能为 0,因此 7 位整数有 $7\times P(7,6)$ 个。

(3)考虑 6 位整数。最高位不能为 0,因此 6 位整数有 $7\times P(7,5)$ 个。

(4)考虑 5 位整数。最高位不能为 0,因此 5 位整数有 $7\times P(7,4)$ 个。

(5)考虑 4 位整数。若千位数字大于 6,有 $2\times P(7,3)$ 个。若千位数字等于 6,则百位数字必须大于等于 7,有 $2\times P(6,2)$ 个。

根据加法原理,符合条件的整数的个数为

$$7\times P(7,7)+7\times P(7,6)+7\times P(7,5)+7\times P(7,4)+2\times P(7,3)+2\times P(6,2)$$

定义 9.4(圆排列) 把元素排在首尾相连的圆周上的排列方法称为圆排列。因为这 n 个不同的排列 $a_1a_2\cdots a_n,a_2a_3\cdots a_na_1,a_na_1\cdots a_{n-1}$ 在圆周上实际上是相同的,是同一圆周排列。用 $Q(n,m)$ 表示为从 n 个不同元素中选取 m 个元素形成的排列数。圆排列的计算方法如下

$$Q(n,m)=\frac{P(n,m)}{m}$$

例9.5　现有3个男生和5个女生围着一圆桌而坐，问有多少种坐法？如果男生A和女生B不能相邻，有多少种坐法？如果要求3个男生不能相邻而坐，又有多少种坐法？

解：

8人围一圆桌而坐，共有$Q(8,8)=5\,040$种坐法。

由于男生A和女生B不能相邻，先不安排男生A就坐，其他人就坐，则有$Q(7,7)=720$种坐法。每种坐法，男生A不能坐在女生B的左右两边，则男生A可选择其他的间隔入座，即有五种选择，所以男生A和女生B不相邻的坐法有3600种。

先安排5个女生就坐，有$Q(5,5)=4!\ =24$种坐法，再安排3个男生插入女生之间的5个间隔中，共有$P(5,3)Q(5,5)=1440$种坐法。

以上讨论的排列和组合是不允许元素重复选取的，下面将介绍重集的排列和组合的计数问题。

定义9.5（重集）　有重复元素的集合称为重集。如：重集$M=\{a,a,b,b,b,c,c,c,c\}$有9个元素，可以记为$\{2a,3b,4c\}$，其中2，3，4分别表示重集中元素的个数。若集合元素都不同，集合也可以看成所有元素都为1个的重集。当所有元素的重复数不受限制时，允许重集中的元素出现无数次，如：重集$M=\{2a,4b,\infty c\}$。

定理9.2　设M是包含m个元素且每个元素可以无限重复的重集，则M中的k排列的个数为m^k。

定理9.3　设M是包含m个不同元素的重集，且每个元素的重复次数分别为$n_1,\cdots,n_m$，且$n=n_1+\cdots+n_m$，则M中的n排列的个数为$\frac{n!}{n_1!\ \cdots n_m!}$。

例9.6　假设有三种颜色的车，分别为1个红(R)车，3个蓝(B)车，4个黄(Y)车。假设同颜色的车彼此之间没有区别。求将这8个车放置在8×8棋盘上，并使它们彼此不能相互攻击的方法数量。（两个车能够相互攻击当且仅当它们位于棋盘的同一行或同一列）。

解：

由题意得多重集合$M=\{1\cdot R,3\cdot B,4\cdot Y\}$。根据上述的原理，这个多重集合的排列数等于

$$\frac{8!}{1!\ 3!\ 4!}=280$$

因此，在8×8棋盘上放置1个红车，3个蓝车，4个黄车并使它们彼此不能相互攻击的方法数等于

$$8!\ \times\frac{8!}{1!\ 3!\ 4!}=\frac{(8!)^2}{1!\ 3!\ 4!}=11\,289\,600$$

9.1.2　鸽巢原理和容斥原理

首先介绍一下基本的鸽巢原理，它是组合数学中一个基本的且重要的原理，也称为抽屉原理。

定理9.4（鸽巢原理）　当$n+1$只鸽子飞进n个笼子，则至少有一个笼子里有两只以

上的鸽子。

例 9.7 参与某会议的代表有 n 位，每位代表至少认识其余 $n-1$ 位代表中的 1 位，证明至少有 2 位代表认识的人数相等。

证明：

由于这 n 位代表认识的人数为 $1,\cdots,n-1$ 的某个数，即有 $n-1$ 种可能，由鸽巢原理知，n 位代表（鸽子）认识的人数（笼子），一定有 2 个代表认识的人数相同。

证毕。

例 9.8 证明对任意的正整数 n，总能找到一个由 0 和 7 组成的整数是 n 的倍数，如果包含 0，则一些 0 必排在整数的最后几位。

证明：

先构造这个数，首先构造 n 个数构成的集合：$\{7,77,777,\cdots,7\cdots7\}$，每个数都由 7 构成。

(1) 如果这个集合中有某个元素是 n 的倍数，即可得证；

(2) 如果这个集合中没有元素是 7 的倍数，那么对每个元素做模 n 运算，其结果为区间 $[1,n-1]$ 中的整数，由鸽巢原理，至少存在两个数模 n 后结果相同，即存在两个整数 a,b 使得 $a\equiv b\bmod n$。

不妨设 $a>b$，即 $a-b=7\cdots70\cdots0\equiv0\bmod n$，即 $n\mid a-b=7\cdots70\cdots0$。$a-b$ 由 0 和 7 组成，是 n 的倍数，且一些 0 排在整数的最后几位。

证毕。

定理 9.5（扩展鸽巢原理） 设 k 和 n 是两个正整数，如果有 $kn+1$ 只鸽子需要放进 n 个笼子，则至少存在 1 个笼子放了 $k+1$ 只鸽子。如果所有的笼子放的鸽子都小于 $k+1$ 只，那么 n 个笼子放的鸽子的总和最多为 kn 只，这与鸽子总数 $kn+1$ 矛盾，因此，至少存在 1 个笼子放了 $k+1$ 只鸽子。进而，把 n 只鸽子放进 m 个笼子，则至少存在 1 个笼子放了 $\left[\frac{n-1}{m}\right]+1$ 只鸽子。设 $a_1,a_2,\cdots,a_n$ 是 n 个正整数，c 是某一个整数，且 $\frac{a_1+a_2+\cdots a_n}{n}>c-1$，则 $a_1,a_2,\cdots,a_n$ 中至少有 1 个数不小于 c。

例 9.9 把 $\{1,2,\cdots,10\}$ 任意做一个圆排列，证明：一定能找到 3 个相邻的数，它们的和大于或等于 17。

证明：

设 $a_1,a_2,\cdots,a_{10}$ 为 $\{1,2,\cdots,10\}$ 的任意一个圆排列。设

$$m_1=a_1+a_2+a_3$$

$$m_1=a_2+a_3+a_4$$

$$\vdots$$

$$m_{10}=a_{10}+a_1+a_2$$

则 $m_1+m_2+\cdots+m_{10}=3(a_1+a_2+\cdots a_{10})=165$。

因为 $\frac{m_1+m_2+\cdots+m_{10}}{10}=16.5>16$，由推论可知，对任意的圆排列，一定存在 3 个相邻的数，它们的和大于或等于 17。

证毕。

在使用加法原理时,要求事件 A 和事件 B 是两件不同的事件,也就是事件 A 和事件 B 没有相同的产生方式。如果事件 A 和事件 B 有相同的产生方式,就需要使用容斥原理来解决计数问题。

定理 9.6（容斥原理）　设 A,B 是两个有限集合,则有

$$|A\cup B| = |A| + |B| - |A\cap B|$$

集合 A,B 之间可能有公共元素,其个数为 $|A\cap B|$,这些元素在计算 $|A\cup B|$ 时只计算了一次,但在计算 $|A| + |B|$ 时,却被计算了两次,故因从 $|A| + |B|$ 中减去。更普遍地说,设 $A_1,A_2,\cdots,A_n$ 是 n 个有限集合,则

$$|A_1 \cup A_2 \cup \cdots \cup A_n| = \sum_{1\leqslant i\leqslant n}|A_i| - \sum_{1\leqslant i\leqslant j\leqslant n}|A_i \cap A_j| + \sum_{1\leqslant i\leqslant j\leqslant k\leqslant n}|A_i \cap A_j \cap A_k| - \cdots + (-1)^{n-1}|A_1 \cap A_2 \cap \cdots \cap A_n|$$

定理 9.7（德・摩根定理）　如果集合 A,B 是集合 M 的子集,$\overline{A}$ 和 $\overline{B}$ 分别是 A 和 B 的补集,则:

(1)$\overline{A\cup B} = \overline{A}\cap\overline{B}$;

(2)$\overline{A\cap B} = \overline{A}\cup\overline{B}$。

更一般的情况,设 $A_1,\cdots,A_n$ 是 M 的子集,$\overline{A_i}$ 是 A_i 的补集,则有:

(1)$\overline{A_1\cup\cdots\cup A_n} = \overline{A_1}\cap\cdots\cap\overline{A_n}$;

(2)$\overline{A_1\cap\cdots\cap A_n} = \overline{A_1}\cup\cdots\cup\overline{A_n}$。

9.2　信　息　论

信息论又称为通信的数学理论,是运用概率论与数理统计的方法研究信息、信息熵、通信系统、密码学和数据压缩等问题的应用数学学科。本节讨论信息论中关于保密通信的数学模型的基本知识,并介绍信息论和熵的基本内容。

9.2.1　保密通信的数学模型

香农从概率统计观点出发研究信息的传输和保密问题,保密通信是隐蔽通信内容的一种通信方式。为了使非法的截收者不能理解通信内容的含义,信息在传输前必须先进行各种形式的变化,成为加密信息,在收信端进行相应的逆变化以恢复原信息。如电报、电话、计算机和雷达等系统,虽然形式各异,但本质上都是用来完成信息传输的,都有相应的保密技术。可以把它们归结为图 9.1 的保密通信系统。

下面对保密通信的几个组成部分进行简单的描述。信源是产生消息的源,在离散的情况下可以产生字母或符号。其中信源可以是生物、机器或者其他事物,它是事物各种状态或者存在状态的集合。可以用简单的概率空间描述离散无记忆的信源。设信源的字母表为 $X = \{x_i, i = 0,1,2,\cdots,N-1\}$,字母 x_i 出现的概率为 $p(x_i)\geqslant 0$,且 $\sum_{i=0}^{N-1}p(x_i) = 1$。信源产

生任一长为 L 个符号的信息序列为 $m=(m_1,m_2,\cdots,m_L),m_j\in X,j=1,2,\cdots,L$。若研究的是所有长为 L 个符号的消息输出，则称 $P=M^L=\{m=(m_1,m_2,\cdots,m_L);m_j\in X,1\leqslant j\leqslant L\}$ 为消息空间或者明文空间，它含由 N^L 个元素。如果信源为有记忆的，则需要考虑 P 中每个元素的概率分布。如果信源是无记忆的，则有 $P_p(m)\ =p(m_1,m_2,\cdots,m_L)\prod_{j=1}^{L}p(m_j)$。信源的统计特性对密码的设计和分析有着重要的影响。

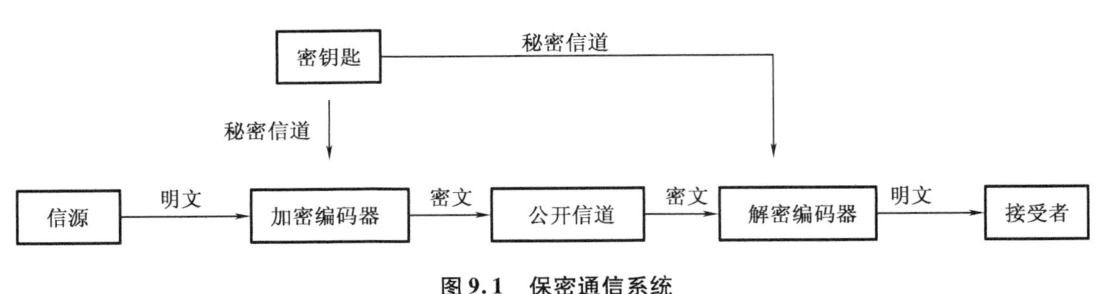

图 9.1　保密通信系统

下面介绍密码学中经常应用的概率论基础知识。

定义 9.6　假设 X 和 Y 是随机变量，$p(x)$ 表示 X 取值为 x 的概率，$p(y)$ 表示 Y 取值为 y 的概率。联合概率 $p(x,y)$ 是 X 取值为 x，且 Y 取值为 y 的概率。条件概率 $p(x|y)$ 表示给定 Y 取值为 y 时 X 取值为 x 的概率。如果对任意有可能的 X 取值为 x 和 Y 取值为 y，等式 $p(x,y)=p(x)p(y)$ 成立，则称随机变量 X 和 Y 是相互独立的。

联合概率与条件概率的关系如下：

$$p(x,y)=p(x|y)p(y)$$

如果交换 x 和 y，可得到

$$p(x,y)=p(y|x)p(x)$$

通过上述的两个公式，可以得到下面的贝叶斯定理。

定理 9.8（贝叶斯定理）　如果 $p(y)>0$，则

$$p(x|y)=\frac{p(x)p(y|x)}{p(y)}$$

推论　X,Y 是相互独立的随机变量，当且仅当对所有的 x 和 y 有

$$p(x|y)=p(x)$$

现在假设整个明文空间 P 服从某个概率分布，使用表示明文 x 发生的先验概率。假设通信双方选择的密钥 k 使用了一个固定的概率分布，把密钥 k 被选择的概率表示为 $p_K(k)$。通常情况下，选择密钥是在通信双方通信之前进行，因此有这样的一个合理的假设，密钥 k 和明文 x 是无关的，是独立事件。

从明文空间 P 和密钥空间 K 中推导出密文空间 C。对任意的 $k\in K$，定义集合

$$C(k)=\{e_k(x):x\in P\}$$

$C(k)$ 表示使用密钥 k 所对应的密文集合。

对任意的 $y\in C$，可得

$$p_c(y) = \sum_{k:y \in C(k)} p_K(k) p_p(d_k(y))$$

由于对每个 $y \in C$ 和 $x \in P$，也可以计算条件概率 $p_c(x|y)$（给定密文 y，明文是 x 的概率）。

例 9.10　设明文空间 $P = 1,2$，有概率分布 $p_P(1) = \frac{1}{4}, p_P(2) = \frac{3}{4}$，密钥空间 $K = k_1, k_2, k_3$，概率分布为 $p_K(k_1) = \frac{1}{2}, p_K(k_2) = \frac{1}{4}, p_K(k_3) = \frac{1}{4}$。密文空间 $C = 1,2,3,4$，假设加密函数如下：

$$e_{k_1}(1) = 1, e_{k_1}(2) = 2, e_{k_2}(1) = 2, e_{k_2}(2) = 3, e_{k_3}(1) = 3, e_{k_3}(2) = 4$$

所以，通过计算概率分布 p_C，可以得到

$$p_C(1) = \frac{1}{2} \times \frac{1}{4} = \frac{1}{8}$$

$$p_C(2) = \frac{1}{2} \times \frac{3}{4} + \frac{1}{4} \times \frac{1}{4} = \frac{7}{16}$$

$$p_C(3) = \frac{1}{4} \times \frac{3}{4} + \frac{1}{4} \times \frac{1}{4} = \frac{1}{4}$$

$$p_C(4) = \frac{1}{4} \times \frac{3}{4} = \frac{3}{16}$$

然后计算在给定密文（即在通信信道中窃听到的密文的条件下），得到有关明文的概率分布如下

$$p_P(1|1) = 1, p_P(2|1) = 0$$

$$p_P(1|2) = \frac{1}{7}, p_P(2|2) = \frac{6}{7}$$

$$p_P(1|3) = \frac{1}{4}, p_P(2|3) = \frac{3}{4}$$

$$p_P(1|4) = 0, p_P(2|4) = 1$$

定义 9.7　如果一个密码系统对所有的 $x \in P, y \in C, p_P(x|y) = p_P(x)$ 成立，则该密码系统被称为完全保密。即给定密文 y 的条件下，明文 x 的后验概率等于明文 x 的先验概率。

9.2.2　信息和熵

在信息论中，熵是接收的每条消息中包含的信息的平均量，又被称为信息熵、信源熵、平均自信息量。这里，“消息”代表来自分布或数据流中的事件、样本或特征。来自信源的另一个特征是样本的概率分布。事件的概率分布和每个事件的信息量构成了一个随机变量，这个随机变量的均值（即期望）就是这个分布产生的信息量的平均值（即熵）。熵的单位通常为比特，但也用 Sh、nat、Hart 计量，取决于定义用到对数的底。

定义 9.8　假设离散信源 X 的概率空间为

$$\begin{bmatrix} X \\ P(x) \end{bmatrix} = \begin{bmatrix} \frac{x_1}{p(x_1)} & \frac{x_2}{p(x_2)} & \frac{\cdots}{\cdots} & \frac{x_q}{p(x_q)} \end{bmatrix}$$

事件 x_i 的自信息 $I(x_i)$ 定义为该事件发生概率 $p(x_i)$ 的对数的负值，即

$$I(x_i) = -\log p(x_i)$$

由于$0\leqslant p(x_i)\leqslant 1$,所以自信息取值是非负的。自信息$I(x_i)$代表两种含义:在事件$x_i$发生以前,等于事件$x_i$发生的不确定性的大小;在事件$x_i$发生以后,表示事件$x_i$所含有或所能提供的信息量。在无噪信道中,事件$x_i$发生以后,能正确无误地传输到收信者,所以$I(x_i)$就等于收信者接收到$x_i$后所获得的信息量。

自信息采用的单位与所用的对数底相关,通常取对数的底为2,此时信息的单位为比特,即bit。若信源发出消息为x_i的概率为$p(x_i)$,则消息的自信息量为

$$I(x_i)=\log_2\frac{1}{p(x_i)}=-\log_2 p(x_i)(\text{bit})$$

例 9.11 设随机变量X_1和X_2的概率空间为

$$\begin{bmatrix}X_1\\P(x)\end{bmatrix}=\begin{bmatrix}a_1 & a_2\\0.01 & 0.99\end{bmatrix}\begin{bmatrix}X_2\\P(x)\end{bmatrix}=\begin{bmatrix}b_1 & b_2\\0.25 & 0.75\end{bmatrix}$$

求随机变量X_1和X_2各事件的自信息。

解:

由自信息的定义可得

$$I(a_1)=\log\frac{1}{0.01}=\log 100(\text{bit})$$

$$I(a_2)=\log\frac{1}{0.99}=\log 1.01(\text{bit})$$

$$I(b_1)=\log\frac{1}{0.25}=\log 4(\text{bit})$$

$$I(b_2)=\log\frac{1}{0.75}=\log 1.33(\text{bit})$$

定义 9.9 假设X是根据概率分布$p(x)$在一个有限集合上取值的随机变量,那么这个概率分布的熵为

$$H(X)=-\sum_{i=1}^{n}p(x_i)\log_2 p(x_i)$$

如果随机变量X可能的取值是x_i,$1\leqslant i\leqslant n$,那么有

$$H(X)=-\sum_{i=1}^{n}p(X=x_i)\log_2 p(X=x_i)$$

例 9.12 设随机变量X_1和X_2的概率空间为

$$\begin{bmatrix}X_1\\P(x)\end{bmatrix}=\begin{bmatrix}a_1 & a_2\\0.01 & 0.99\end{bmatrix}=\begin{bmatrix}X_2\\P(x)\end{bmatrix}=\begin{bmatrix}b_1 & b_2\\0.25 & 0.75\end{bmatrix}$$

求随机变量X_1和X_2的熵。

解:

$$H(X_1)=-0.01\times\log 0.01-0.99\times\log 0.99=0.081(\text{bit})$$

$$H(X_2)=-0.25\times\log 0.25-0.75\times\log 0.75=0.881(\text{bit})$$

由此可见,信源X_2的不确定性要比X_1大。

定义 9.10 假设随机变量X和Y是根据概率分布$p(X,Y)$在有限集合上取值,那么这个概率分布的熵称为(X,Y)的联合熵,记为$H(X,Y)$,则有

$$H(X,Y) = -\sum_{i=1}^{n}\sum_{j=1}^{m} p(X=x_i,Y=y_j)\log_2 p(X=x_i,Y=y_j)$$

例 9.13　计算下列事件的联合自信息：

(1)英文字母 e 出现的概率为 0.123，z 出现的概率为 0.000 8，分别计算它们的自信息量。假设前后字母出现是相互独立的，计算 ez 的联合自信息。

(2)4 人抓阄，设 x_1 表示第一个人没抓到，y_1 表示第二个人没抓到，计算 x_1y_1 的联合自信息。

解：

(1)由于前后字母出现是相互独立的，故 ez 出现的概率为 $0.123\times0.000\,8$，所以

$$I(ez) = -\log_2(0.123\times0.000\,8) = -\log_2(0.000\,098) = 13.31(\text{bit})$$

即两个独立事件的联合自信息等于两个事件各自自信息之和。

(2)这两个人都没有抓到的概率为 $p(x_1,y_1)=\frac{3}{4}\times\frac{2}{3}=\frac{1}{2}$，所以联合自信息为

$$I(x_1,y_1) = -\log_2\frac{1}{2} = 1(\text{bit})$$

再计算 x_1,y_1 各自的自信息 $I(x_1)=I(y_1)=-\log_2\frac{3}{4}=0.415(\text{bit})$，可见

$$I(x_1,y_1)\neq I(x_1)+I(y_1)$$

定义 9.11　给定 Y 时，X 的条件熵 $H(X|Y)$ 被定义为

$$H(X|Y) = E[I(X|Y)] = -\sum_{i=1}^{m}\sum_{j=1}^{n} p(x_iy_j)\log_2 p(x_i|y_j)$$

条件熵 $H(X|Y)$ 也可以通过如下取两次统计平均得到：

(1)在给定 $X=x$ 的条件下，随机变量 Y 的不确定性可以定义为 $I(Y|X)$ 在 $Y|X$ 条件概率空间上的统计平均，即

$$H(Y|x_i) = -\sum_{i} p(y_j|x_i)\log_2 p(y_j|x_i)$$

(2)对于不同的 x_i，$H(Y|x_i)$ 是变化的，将 $H(Y|x_i)$ 在 X 概率空间上取统计平均可得到 $H(Y|X)$。

$$\begin{aligned}H(Y|X) &= -\sum_{I} Px_iH(Y|x_i)\\ &= -\sum_{i}\sum_{j} px_ipy_j|x_i\log_2 py_j|x_i\\ &= -\sum_{i}\sum_{j} p(x_iy_j)\log_2 py_j|x_i\end{aligned}$$

熵、联合熵和条件熵三者之间具有较为紧密的关系，下面定理将描述它们之间的关系。

定理 9.9　熵、联合熵和条件熵满足以下关系：

(1)$H(XY)=H(X)+H(Y|X)$；

(2)$H(XY)=H(Y)+H(X|Y)$；

(3)$\max(H(X),H(Y))\leqslant H(XY)\leqslant H(X)+H(Y)$，其中 $0\leqslant H(X|Y)\leqslant H(X)$，$0\leqslant H(Y|X)\leqslant H(Y)$。

例 9.14　两个随机实验 X 和 Y，$X=x_1,x_2,x_3$，$Y=y_1,y_2,y_3$，联合概率 $r(x_i,y_j)=r_{ij}$ 为

$$\begin{bmatrix} r_{11} & r_{12} & r_{13} \\ r_{21} & r_{22} & r_{23} \\ r_{31} & r_{32} & r_{33} \end{bmatrix} = \begin{bmatrix} 7/24 & 1/24 & 0 \\ 1/24 & 1/4 & 1/24 \\ 0 & 1/24 & 7/24 \end{bmatrix}$$

(1)如果知道 X 和 Y 的实验结果,求得到的平均信息量是多少?

(2)如果知道 Y 的实验结果,求得到的平均信息量是多少?

(3)在已知 Y 实验结果的情况下,知道 X 的实验结果,求得到的平均信息量是多少?

解:

联合概率 $p(x_iy_j)$ 可以表示的结果见表 9.1。

表 9.1

	y_1	y_2	y_3
x_1	$\frac{7}{24}$	$\frac{1}{24}$	0
x_1	$\frac{1}{24}$	$\frac{1}{4}$	$\frac{1}{24}$
x_3	0	$\frac{1}{24}$	$\frac{7}{24}$

于是有

$$\begin{aligned} H(XY) &= \sum_{ij} p(x_iy_j)\log_2\frac{1}{p(x_iy_j)} \\ &= 2\times\frac{7}{24}\log_2\frac{24}{7} + 4\times\frac{1}{24}\log_2 24 + \frac{1}{4}\log_2 4 = 2.3(\text{bit}) \end{aligned}$$

根据联合概率分布可以得到 X 和 Y 的概率分布分别为

$$\begin{bmatrix} x \\ P(x) \end{bmatrix} = \begin{bmatrix} x_1 & x_2 & x_3 \\ \frac{8}{24} & \frac{8}{24} & \frac{8}{24} \end{bmatrix}$$

$$\begin{bmatrix} Y \\ P(x) \end{bmatrix} = \begin{bmatrix} y_1 & y_2 & y_3 \\ \frac{8}{24} & \frac{8}{24} & \frac{8}{24} \end{bmatrix}$$

所以,$H(Y)=3\times\frac{1}{3}\log_2 3=1.58(\text{bit})$,即

$$H(X|Y)=H(XY)-H(Y)=2.3-1.58=0.72(\text{bit})$$

9.3　基于背包问题公钥算法分析

9.3.1　背包问题

背包问题是一种组合优化的NP完全问题。所谓背包问题,是指从 n 件不同价值、不同体积物品中按一定的要求选取一部分物品,并使选中物品的价值之和为最大值的问题。问题的名称来源于如何选择最合适的物品放置于给定背包中。相似问题经常出现在商业、组合数学、计算复杂性理论、密码学和应用数学等领域中。常见的背包问题有三种类型:基本的0-1背包、完全背包和多重背包、二维背包。

0-1背包问题的数学模型实际上是一个0-1规划问题。假设有 n 个物件,其体积用 $w_i(i=1,2,\cdots,n)$ 表示,价值为 $p_i(i=1,2,\cdots,n)$,背包的最大容量为 c,当物件 i 被选入背包时,定义变量 $x_i=1$,否则 $x_i=0$。考虑 k 个物件的选择与否,背包内物件的总体积为 $\sum_{i=1}^{n} w_i x_i$,物件的总价值为 $\sum_{i=1}^{n} p_i x_i$,如何决定变量 $x_i(i=1,2,\cdots,n)$ 的值(即确定一个物件组合)使背包内物件总价值为最大。这个问题解的总组合数有2个,其数学模型表示如下:在 $\sum_{i=1}^{n} w_i x_i \leqslant c$ 时,使得 $\sum_{i=1}^{n} p_i x_i$ 最大。

完全背包问题非常类似于0-1背包问题,所不同的是每种物品都是无限件的。

并非所有的背包问题都没有有效算法,有一类特殊的背包问题是容易求解的,这就是超递增背包问题。

设 $V=(V_1,V_2,\cdots,V_n)$ 是一个背包向量,若 V 满足 V 中每一项都大于它前面所有项之和,则称 V 是一个超递增向量,或者称序列 $V_1,V_2,\cdots,V_n$ 是一个超递增序列,以 V 为背包向量的背包问题被称作超递增背包问题。比如,序列 $1,2,4,16,\cdots,2^n$ 就是一个超递增序列。

超递增背包问题的解可以通过以下方法找到:假设背包容量为 C,$b_i=1$ 表示第 i 个物品在背包中,$b_i=0$ 表示第 i 个物品不在背包中。从右到左依次检查超递增背包向量中的每一个元素 V_i,如果 $C \geqslant V_i$,则 $C=C-V_i$,并将对应的 b_i 置为1,否则跳过,继续检查下一元素,直至遍历完所有元素。如果此时 C 等于0,则该超递增背包问题有解,解为 b_i 中的1对应的超递增背包向量中的元素,否则表示该问题无解。例如:

设 $V=(1,2,4,8,16,32)$,$C=43$,那么求解超递增序列的过程如下:

$C=43>32$,得 $b_6=1$,更新 C 为 $43-32=11$;

$C=11<16$,得 $b_5=0$;

$C=11>8$,得 $b_4=1$,更新 C 为 $11-8=3$;

$C=3<4$,得 $b_3=0$;

$C=3>2$,得 $b_2=1$,更新 C 为 $3-2=1$;

$C=1$,得 $b_1=1$,最后 C 减小到0。

所以问题的解为110101。

9.3.2 基于背包问题的公钥密码算法

R. Merkle 和 M. Hellman 在 1978 年根据组合数学中背包问题提出了第一个公钥密码算法。又称为 MH 背包算法。其设计思想都是从一个简单的背包问题出发，把一个易解的背包伪装成一个看似困难的背包，这里所说的易解背包就是一个超递增序列，序列中的元素要满足第 n 项（$n>1$）大于前（$n-1$）项的和。

背包算法具体如下：私有密钥设置为将一个超递增向量 V 转换为非超递增向量 U 的参数 t、t 的逆元和 k，公开密钥设置为非超递增向量 U，具体的加解密过程如下：

首先将二进制明文消息划分成长度与非超递增向量 U 长度相等的明文分组 $b_1, b_2, \cdots, b_n$；

然后计算明文分组向量 $B=(b_1, b_2, \cdots, b_n)$ 与非超递增向量 $U=(u_1, u_2, \cdots, u_n)$ 的内积 $B*U=b_1 u_1+b_2 u_2+\cdots+b_n u_n$，所得结果为密文。先还原出超递增背包向量 $V=t$ 的逆元 $*U\bmod k=t*t$ 的逆元 $*V\bmod k$；再将密文 $B*U$ 模 k 乘以 t 逆元的结果作为超递增背包问题的背包容量，求解超递增背包问题，得到消息明文。

下面将使用 python 代码来实现基于背包问题的公钥密码算法。函数 gcd( ) 求两个数的最大公约数；函数 create_pubkey( ) 生成公钥；函数 encryp( ) 将二进制数据进行加密；函数 dec( ) 和 decryption( ) 将加密后的数据进行解密；函数 EX_GCD( ) 和 ModReverse( ) 都是求乘法逆元；函数 sumlist( ) 求给定序列的和；函数 tobits( ) 将明文消息转换为二进制明文消息；函数 tostr( ) 和 frombits( ) 将二进制明文消息转换为原明文消息；函数 gen_Siks( ) 生成超递增序列和私钥；主函数指定参数对超递增序列进行赋值，并生成私钥，演示了加密和解密的过程。

```
1.import itertools
2.import copy
3.import random
4.
5.def gcd(a, b):
6.    while b ! = 0:
7.        a, b = b, a % b
8.    return a
9.
10.
11.def create_pubkey(data,m,w):
12.    for i in range(len(data)):
13.        data[i] = data[i] * w
14.
15.    for j in range(len(data)):
16.        data[j] = data[j] % m
17.    return data
18.
```

```
19.
20.#将二进制数据进行加密
21.def encryp(clear_txt, pubkey):
22.     # 定义 密文列表
23.     cipher_list = []
24.     resul_list = []
25.     r = 0
26.     cipher = 0
27.     for i in range(len(clear_txt)):
28.         if i % 8 == 0 and i != 0:
29.             cipher = sum(cipher_list)
30.             resul_list.append(cipher)
31.             cipher_list = []
32.             r = r + 1
33.         if clear_txt[i] == 1:
34.             cipher_list.append(clear_txt[i] * pubkey[i% 8])
35.     # 密文的值
36.     cipher = sum(cipher_list)
37.     resul_list.append(cipher)
38.     return resul_list
39.
40.
41.#将加密后的数据进行解密
42.def dec(cipher, input_list, m, w):
43.     result_list = []
44.     for i in range(len(cipher)):
45.         dec = decryption(cipher[i], input_list, m, w)
46.         result_list.append(dec)
47.     return result_list
48.
49.def decryption(cipher, input_list, m, w):
50.     # 私钥序列和
51.     inv_w = ModReverse(w, m)
52.     sumx = 0
53.     # for i in cipher:
54.     sumx = (inv_w * cipher)% m
55.     # for k in range(len(input_list)):
56.     result_list = []
57.     clear_list = []
58.     for s in range(0, 7):
```

```
59.         for p in itertools.combinations(input_list, s):
60.             if sum(list(p)) == sumx:
61.                 result_list = list(p)
62.     #print(result_list)
63.     for l in input_list:
64.         if l in result_list:
65.             clear_list.append(1)
66.         else:
67.             clear_list.append(0)
68.     result_l = []
69.     for t in clear_list:
70.         result_l.append(t)
71.     return result_l
72.
73.
74.#下面两个函数是用来求乘法逆元的
75.def EX_GCD(a, b, arr):  #扩展欧几里得
76.     if b == 0:
77.         arr[0] = 1
78.         arr[1] = 0
79.         return a
80.     g = EX_GCD(b, a % b, arr)
81.     t =arr[0]
82.     arr[0] = arr[1]
83.     arr[1] = t - int(a /b) * arr[1]
84.     return g
85.
86.
87.def ModReverse(a, n):  #ax=1(mod n)求a模n的乘法逆x
88.     arr = [0,1,]
89.     gcd = EX_GCD(a, n, arr)
90.     if gcd == 1:
91.         return (arr[0] % n + n)% n
92.     else:
93.         return -1
94.
95.def sumlist(list):
96.     sum = 0
97.     for i in list:
98.         sum = sum +i
```

```
99.    return sum
100.
101.def tobits(s):
102.    result = []
103.    for c in s:
104.        bits = bin(ord(c))[2:]
105.        bits ='00000000'[len(bits):] + bits
106.        result.extend([int(b)for b in bits])
107.    return result
108.
109.def tostr(dec):
110.    resulstr = []
111.    for bits in dec:
112.        char = frombits(bits)
113.        resulstr.append(char)
114.    return resulstr
115.
116.def frombits(bits):
117.    byte =0
118.    count =0
119.    for i in bits:
120.        byte =byte + bits[i] * (2 * * (7 - count))
121.        count = count +1
122.    return chr(byte)
123.
124.def gen_Siks(n):
125.    rs = []
126.    for i in range(0, n):
127.        n =random.randint(11, 135)
128.        if i = = 0:
129.            rs.append(n)
130.        else:
131.            s =sumlist(rs)
132.            n = s +random.randint(11, 3110)
133.            rs.append(n)
134.    s =sumlist(rs)
135.    m = s +random.randint(120, 520)
136.    w = 2
137.    for i in range(5, m):
138.        if gcd(i, m) = = 1:
```

```
139.            w = i
140.            break
141.    return rs, m, w
142.
143.if __name__ == "__main__":
144.    # 将函数生成的超递增序列进行赋值
145.    SuperIKS, m, w = gen_Siks(8)
146.    pri_key = copy.deepcopy(SuperIKS)
147.    print('the super increasing sequence is : ', SuperIKS)
148.    pubkey = create_pubkey(SuperIKS, m, w)
149.    print('the public key is:', pubkey)
150.    print('the private key:( m and w is)', m,  w)
151.    print('( pri_key) =', pri_key)
152.
153.    plaintxt = "AloveBob"
154.    print('the plain text is: ', plaintxt)
155.    bit_plaintxt = tobits(plaintxt)
156.    print('the bits of plain text is: ', bit_plaintxt)
157.    cipher = encryp(bit_plaintxt, pubkey)
158.    print('the encrypted information is: ', cipher)
159.
160.    plaintxt_dec = dec(cipher, pri_key, m, w)
161.    print('the decrypted plain bits is : ', plaintxt_dec)
162.    print('the decrypted text is :', tostr(plaintxt_dec))
```

执行上述代码，设置传递的明文消息为 AloveBob，生成的超递增序列为[64,1930,3982,6332,12542,27822,53352,107480]，公钥为[320,9650,19910,31660,62710,139110,52798,109476]，私钥为 213962、5，将明文消息转换为二进制后进行基于背包问题的加解密，运行结果如图 9.1 所示。

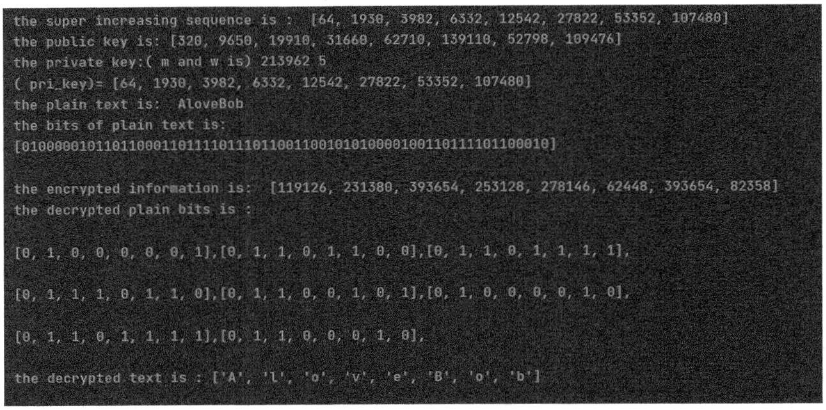

```
the super increasing sequence is :  [64, 1930, 3982, 6332, 12542, 27822, 53352, 107480]
the public key is: [320, 9650, 19910, 31660, 62710, 139110, 52798, 109476]
the private key:( m and w is) 213962 5
( pri_key)= [64, 1930, 3982, 6332, 12542, 27822, 53352, 107480]
the plain text is:  AloveBob
the bits of plain text is:
[0100000101101100011011110111011001100101010000100110111101100010]

the encrypted information is:  [119126, 231380, 393654, 253128, 278146, 62448, 393654, 82358]
the decrypted plain bits is :

[0, 1, 0, 0, 0, 0, 0, 1],[0, 1, 1, 0, 1, 1, 0, 0],[0, 1, 1, 0, 1, 1, 1, 1],

[0, 1, 1, 1, 0, 1, 1, 0],[0, 1, 1, 0, 0, 1, 0, 1],[0, 1, 0, 0, 0, 0, 1, 0],

[0, 1, 1, 0, 1, 1, 1, 1],[0, 1, 1, 0, 0, 0, 1, 0],

the decrypted text is : ['A', 'l', 'o', 'v', 'e', 'B', 'o', 'b']
```

图 9.1　基于背包问题的公钥密码算法第一次运行结果

再运行代码一次,运行结果如图 9.2 所示。生成的超递增序列为[78,382,1229,1905,6678,10336,21183,44175],公钥为[546,2674,8603,13335,46746,72352,61811,49815],私钥为 86470、7,明文消息仍为 AloveBob。可见传递相同的信息,可以使用不同的公钥来加密。

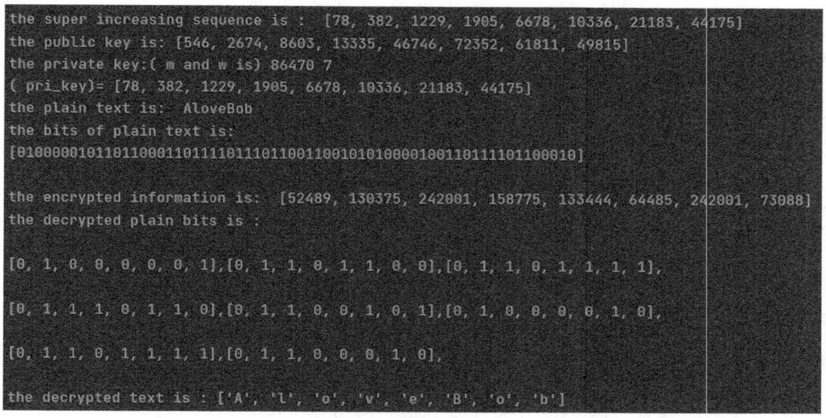

```
the super increasing sequence is :  [78, 382, 1229, 1905, 6678, 10336, 21183, 44175]
the public key is: [546, 2674, 8603, 13335, 46746, 72352, 61811, 49815]
the private key:( m and w is) 86470 7
( pri_key)= [78, 382, 1229, 1905, 6678, 10336, 21183, 44175]
the plain text is:  AloveBob
the bits of plain text is:
[0100000101101100011011110111011001100101010000100110111101100010]

the encrypted information is:  [52489, 130375, 242001, 158775, 133444, 64485, 242001, 73088]
the decrypted plain bits is :

[0, 1, 0, 0, 0, 0, 0, 1],[0, 1, 1, 0, 1, 1, 0, 0],[0, 1, 1, 0, 1, 1, 1, 1],

[0, 1, 1, 1, 0, 1, 1, 0],[0, 1, 1, 0, 0, 1, 0, 1],[0, 1, 0, 0, 0, 0, 1, 0],

[0, 1, 1, 0, 1, 1, 1, 1],[0, 1, 1, 0, 0, 0, 1, 0],

the decrypted text is : ['A', 'l', 'o', 'v', 'e', 'B', 'o', 'b']
```

图 9.2　基于背包问题的公钥密码算法第二次运行结果

RSA 体制所依赖的整数素数分解问题还不能被证明是一个 NP 问题,而背包问题则是一个被证明了的 NP 完全问题,并且背包公钥密码由于容易设计与分析以及运算速度快的特性而获得了大量研究。不过,到目前为止,绝大多数背包公钥密码方案都被发现是不安全的。

习　　题

1. 已知火车站进站口只有一个入口,且每次只能进一个人,现有 5 个女生和 7 个男生要进站,若要求女生在一起,则有多少种不同的进站方案？若要求女生两两不相邻,又有多少种不同的进站方案？

2. 6 位男生和 6 位女生排成一男女相间的队伍,问有多少种不同的方案？若围一圆桌坐下,又有多少种不同的方案？

3. 求 5 位数中至少出现一个 6 的正整数的个数是多少？在这些正整数中,能够被 3 整除的正整数又有多少个？

4. 利用容斥原理计算正整数 1 000！的标准分解式中,2 和 5 的方幂各是多少？进一步, 1 000！末尾有多少个 0？

5. 利用容斥原理计算由 a、b、c、d 4 个字符构成的 n 位符号串中,a、b、c 至少出现一次的符号串的数目。

6. 求 8 个字母 A、B、C、D、E、F、G、H 的全排列中,只有 4 个元素不在原来位置上的排列个数。

7. 任取 11 个整数,证明其中至少有 2 个数,它们的差必为 10 的倍数。

8. 现有红、黄、蓝、白的球各 2 个,绿、紫、黑的球各 3 个,问从中取出 10 个球,共有多少种不同的取法?

9. 同时扔一对质地均匀的骰子,当得知"两骰子面朝上点数之和为 5"或"面朝上点数之和为 8"或"两骰子面朝上点数是 3 和 6"时,试问这三种情况分别获得多少信息量?

10. 如果在不知道今天是星期几的情况下问朋友"明天是星期几",则答案中含有多少信息量? 如果在已知今天是星期三的情况下提出同样的问题,则答案中能获得多少信息量(假设已知星期一至星期日的排序)?

11. 居住某地区的女孩中有 20% 是大学生,在女大学生中有 80% 是身高 1.6 m 以上的,而女孩中身高 1.6 m 以上的占总数的一半。假如得知"身高 1.6 m 以上的某女孩是大学生"的消息,问获得多少信息量?

12. 如有 7 行 9 列的棋型方格,若有两个质点 A 和 B,分别以等概率落入任一方格内,且它的坐标分别为 (X_A, Y_A)、(X_B, Y_B),但 A 和 B 不能落入同一方格内。

(1)若仅有质点 A,求 A 落入任一个方格的平均信息量。

(2)若已知 A 已落入方格,求 B 落入方格的平均自信息量。

(3)若 A 和 B 是可分辨的,求 A 和 B 都落入方格的平均自信息量。

13. 设信源 $\begin{bmatrix} X \\ p(x) \end{bmatrix} = \begin{bmatrix} a_1 & a_2 & a_3 & a_4 & a_5 & a_6 \\ 0.2 & 0.19 & 0.18 & 0.17 & 0.16 & 0.17 \end{bmatrix}$,求该信源的熵。

14. 有两个二元随机变量 X 和 Y,它们的联合概率为

	0	1
0	$\frac{1}{8}$	$\frac{3}{8}$
1	$\frac{3}{8}$	$\frac{1}{8}$

并定义另一随机变量 $Z = XY$(一般乘积)。试计算:

(1) $H(X)$, $H(Y)$, $H(Z)$, $H(XZ)$, $H(YZ)$, $H(XYZ)$

(2) $H(X|Y)$, $H(Y|X)$, $H(X|Z)$, $H(Z|X)$, $H(Y|Z)$, $H(Z|Y)$, $H(X|YZ)$, $H(Y|XZ)$, $H(Z|XY)$

(3) $I(X;Y)$, $I(X;Z)$, $I(Y;Z)$, $I(X;Y|Z)$, $I(Y;Z|X)$, $I(X;Z|Y)$

第10章　计算复杂性理论

在实际应用和理论研究中，人们经常会遇到各种计算问题，用什么方法，如何界定一个问题的难易程度，如何针对不同的问题设计最优的算法，在计算机科学理论中具有十分重要的意义。而“计算复杂性”理论就是根据求解问题所学的计算时间和计算空间等资源进行分类的研究。根据求解问题所需时间对问题进行分类的理论称为时间复杂性理论。根据求解问题所需空间对问题进行分类的理论称为空间复杂性理论。

“计算复杂性”在设计和分析密码学算法及安全协议上十分重要，是很多密码学算法及安全协议的安全性的前提条件。本章主要介绍信息安全研究中常用的计算复杂性理论知识，通过图灵机和P类问题等内容了解计算复杂性理论。探讨某个问题的特定求解算法是否高效时会讨论该算法的计算复杂度，本章第二节简单讨论了计算复杂度的阶的问题。

10.1　图灵机与自动机

1936年，英国数学家阿·兰麦席森·图灵提出了一种抽象的计算模型——图灵机(Turingmachine，TM)。图灵机，又称图灵计算机，即将人们使用纸笔进行数学运算的过程进行抽象，由一个虚拟的机器替代人类进行数学运算。图灵机是个简单而合理的计算模型，几乎适用于所有一般目的，合理的计算模型都与图灵机在下述意义上等价：它们定义同一类的计算函数。图灵机有许多种，本节只介绍最简单的确定型图灵机。

任何图灵机都有两个最基本的单元：控制单元和记忆单元，控制单元通常称为有限控制器，控制磁头读、写纸带操作，它有有限个状态。记忆单元通常由一条或数条带组成，每条带被划分成无限个小方格，每格可以记忆一个符号，有限控制器和带之间通过探头来联络。在每一时刻，一个探头只扫描一个方格。而一个确定性 k 带图灵机，常称为确定性图灵机，由一个有限状态控制器和 k 条具有无限多个带格的线性带组成。每条线性带都有一个与有限状态控制器相连的带头，如图10.1所示。

一个确定性 k 带图灵机可描述为一个七元组 $TM=(Q,T,I,b,\delta,q_0,q_f)$，其中各个元组的含义见表10.1。

表10.1　$TM=(Q,T,I,b,\delta,q_0,q_f)$ 各个元组的含义

元组	含义
Q	有限状态集合
T	有限个带符号的集合

表 10.1 (续)

元组	含义
I	输入符号的集合,$I\subseteq T$
b	T 中唯一的空白字符,$b\subseteq T-I$
δ	移动函数,从 $Q\times T^k$ 的某一子集到 $Q\times(T\times L,R,S)^k$ 的映射函数,即对于有一个当前状态和 k 条带上扫描到的当前符号所构成的一个 $k+1$ 元组,它唯一地给出一个新的状态和 k 个序偶,而每一个序偶有一个新的带符号和带头移动方向组成
q_0	初始状态,$q_0\in Q$
q_f	终止(或接收)状态

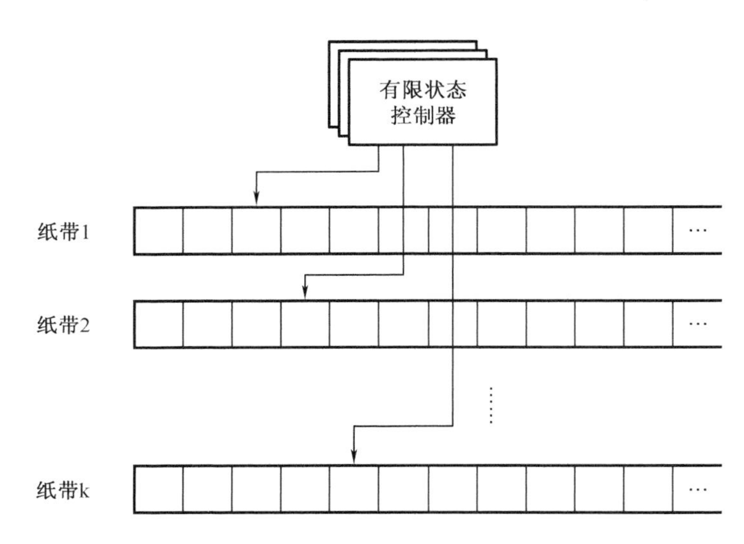

图 10.1　确定性图灵机示意图

多带图灵机作为一种类似的功能更为强大的图灵机,它至少有三条带,包括一条输入带,一条输出带,其余为工作带。每一条带有一个探头,由一台公共的有限控制器操纵。输入带的探头只能读,输出带的探头只能写,只有工作带的探头能读又能写,才称为读写头。除了带数增加造成了上述分工之外,多带与单带图灵机还有一项区别。那就是,探头能够停在原地不动。与单带图灵机类似,多带图灵机也可以用前面的七个要素来描述,不过要注意,k-带图灵机的转移函数变成了

$$(Q-q_f)\times T^k$$

映入

$$(Q-q_f)\times T^k\times(L,R,S)^k$$

例 10.1　描述一个可接受语言 $L=\{a^iba^j\mid 0<i<j\}$ 的图灵机 TM,各个参数如下:

(1) $Q=\{q_0,q_1,q_2,q_3,q_4,q_5\}$;

(2) $I=\{a,b\}$;

(3) $b=\{B\}$;

(4) q_0是初始状态,$q_0\in Q$;

(5)q_5 是终止状态；

(6)δ 是移动函数。

按照上述的转移函数表 10.2，在输入 $abaa$ 后按照状态转移函数可以依次的到如下过程：

$$abaa \dashrightarrow q_0abaa \dashrightarrow cq_1baa \dashrightarrow c\,bq_2aa \dashrightarrow cq_3bca \dashrightarrow q_3cbca \dashrightarrow$$
$$q_3Bcbca \dashrightarrow q_0cbca \dashrightarrow q_0bca \dashrightarrow q_4ca \dashrightarrow q_4a \dashrightarrow aq_4B \dashrightarrow aBq_5$$

表 10.2　图灵机 *TM* 的转移函数表

δ	a	b	c	B
q_0	q_1,c,R	q_4,B,R	q_0,B,R	
q_1	q_1,a,R	q_2,b,R		
q_2	q_3,c,L		q_2,c,R	q_2,B,R
q_3	q_3,a,L	q_3,b,L	q_3,B,L	q_0,B,R
q_4	q_4,a,R		q_4,B,R	q_5,B,R

在图灵机 *TM* 停止时，状态转移到了 q_5 也就是接受状态。说明该输入被图灵机 *TM* 所接受。

定义 10.1（图灵可接受语言）　图灵机可识别的语言 $L(M)$ 定义为：

$$L(M)=\{w\in\Sigma^*\mid(\exists q\in F)(\exists w_1,w_2\in\Gamma^*)(q_0W\Rightarrow^* w_1qw_2)\}$$

如果 $W\in L(M)$，则 *TM* 停机接受；否则 *TM* 不停机并拒绝该输入语言。

自动机（图 10.2）是一种抽象分析问题的理论工具，并不具有实际的物质形态。它是科学定义的演算机器，用来表达某种不需要人力干涉的机械性演算过程。根据不同的构成和功能，自动机分成以下 4 种类型：

· 有限自动机（finite automata，FA）；
· 下推自动机（push down automata，PDA）；
· 线性界限自动机（linear – bounded automata）；
· 图灵机（Turing machine）。

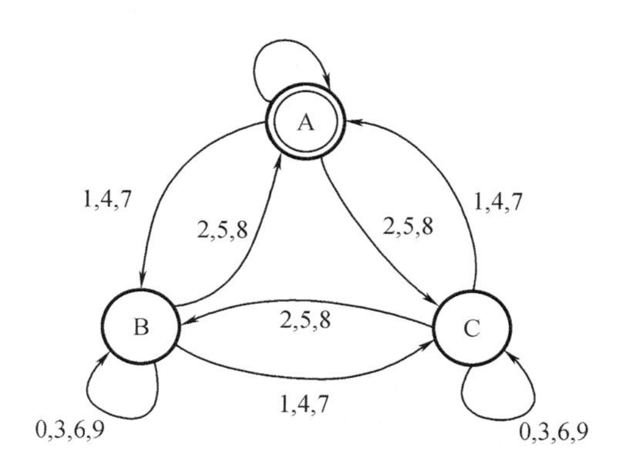

图 10.2　自动机模型

上面已经对图灵机进行了介绍，下面主要介绍有限状态自动机。

有限自动机（finite automaton，FA）又可以分为确定的有限自动机（deterministic finite automaton，DFA）和非确定的有限自动机（nondeterministic finite automaton，NFA）。

首先介绍不确定有限状态自动机：和图灵机的表示方法类似，不确定有限自动机（NFA）是一个具有离散输入、输出的数学模型。一般一个 NFA 同样可描述为一个七元组：NFA =（Q,T,I,b,δ,q_0,q_f），其中的元组含义同确定性图灵机一样。

注意：这里的有限自动机更加注重状态的转移过程，将每一个状态用一个节点表示，各个节点相连表示这两个状态可以相互转换。其中边上的字符表示转换该状态需要读入的字符，可以很轻松地用图的这种数据结构对其进行表示。

例 10.2 已知某一个不确定有限状态自动机使用图的表示形式如图 10.3 所示，试着写出它对应的转移函数表。

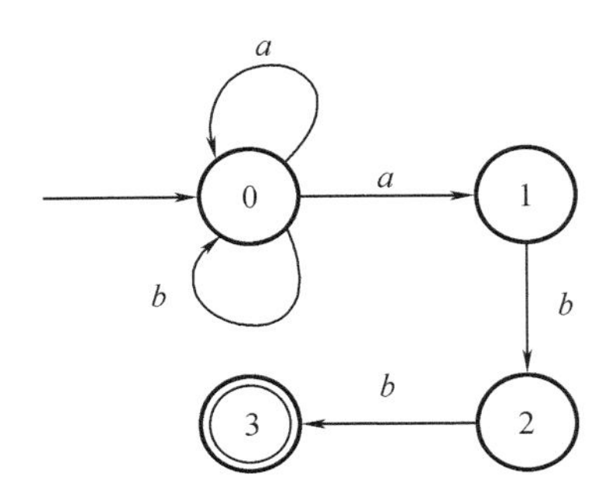

图 10.3 NFA 状态转移图

解：

从开始位置出发，初始状态为 0。在状态为 0 时可以读入字符 a，b 并转换到新的状态 0 或者 1，以此类推可以根据状态转移图得出以下转换表 10.3。

表 10.3 根据 NFA 状态转移图得出的转换表

		输入	
		a	b
状态	0	1	0
	1	∅	2
	2	∅	3
	3	∅	∅

继续观察 NFA 状态转移图 10.3 和转换表 10.3 可知：

（1）终止状态使用双圈表示，并且该节点没有出度；

（2）在转换表中当前状态为 0 时输入 a 字符后对应的状态有两个，这也是不确定的定义缘由；

(3)与图灵机不同,在自动机中读入的字符就会被消耗,无法回到原来的位置。

通过这个例子,已经对不确定有限自动机有了一定了解,但是由于其状态转移的不确定性,在实际应用中可能会造成不适的影响,所以将继续介绍确定有限状态自动机(FA)。其他部分与 NFA 完全相同在此不再赘述。区别在于转换表的限制,在此用一个例子表示即可。

例 10.3　已知某一个确定有限状态自动机使用图的表示形式如图 10.4 所示,试着写出它的对应的转移函数表。

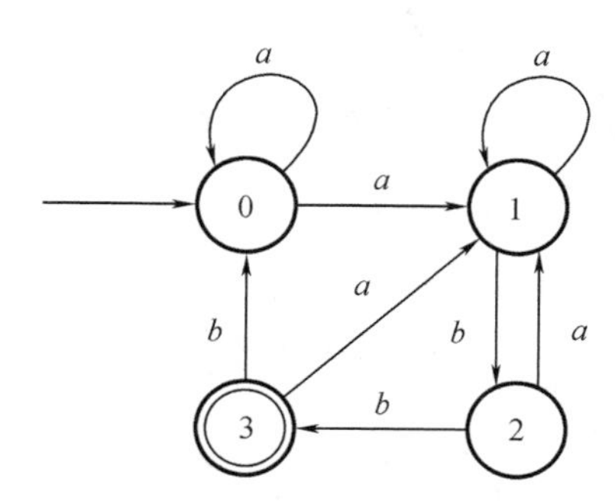

图 10.4　FA 对应的状态转移图

解:

和例题 10.2 类似地,可以很容易得到如下的转换表 10.4。

表 10.4　根据 FA 状态转移图得出的转换表

		输入	
		a	b
状态	0	1	0
	1	1	2
	2	1	3
	3	1	0

继续观察 FA 和转换表可知:所有状态读入任何字符后转移的状态都是确定的;由于每个状态都是确定的,在实际运用中对于图的遍历就不需要进行回溯操作(例如使用深度优先遍历时就无须递归回溯)可以增加效率。

下面给出一个简单的例子来说明正则表达式和 NFA 的转换方法。

假设正则表达式为

$$(a|b)^*$$

首先将其转换为后缀表达式:

$$ab|^*$$

在转换的过程中,应遵守如下的建立规则:当读入的为单一字符时,便新建两个状态,并在两个状态连接的边上写下对应的字符。

转换开始，先依次构建不确定有限状态自动机，读入后缀表达式的第一个字符 a，并建立相关状态，如图 10.5 的上半部分所示。继续读入第二个字符 b，依旧使用上述规则得到的状态图如图 10.5 的下半部分所示。

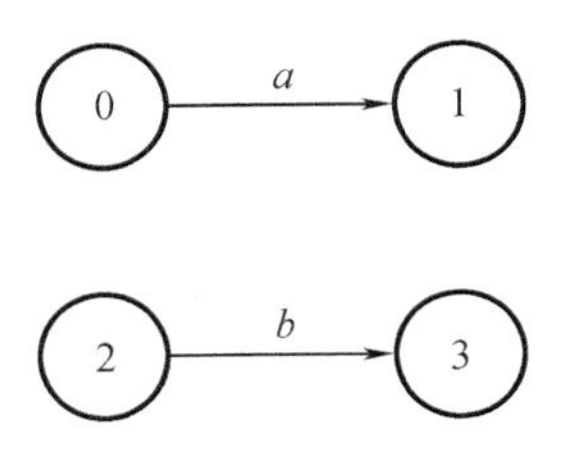

图 10.5　读入字符 a 后构建的状态，继续读入字符 b 后的状态

接着是|，当读入的字符是|时，继续新建两个状态并读取已经存在的两个状态，并将新建的两个状态置于开始和结束的位置，用“→”连接（ε 表示该转移不需要任何字符），并在新建的两个状态之间连接一条 ε 边即可，可以得到如图 10.6 所示的状态。

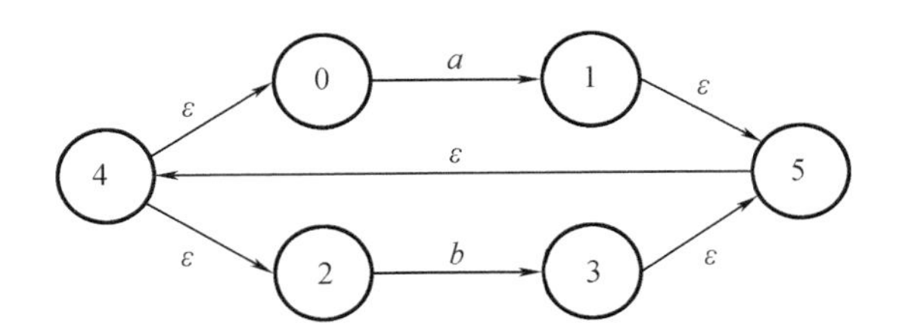

图 10.6　继续读入“|”后的状态

最后是，和读入|类似，继续新建两个状态，将其置于原来状态开始和结束的位置并 ε 连接即可，完成后的 NFA 状态如图 10.7 所示。

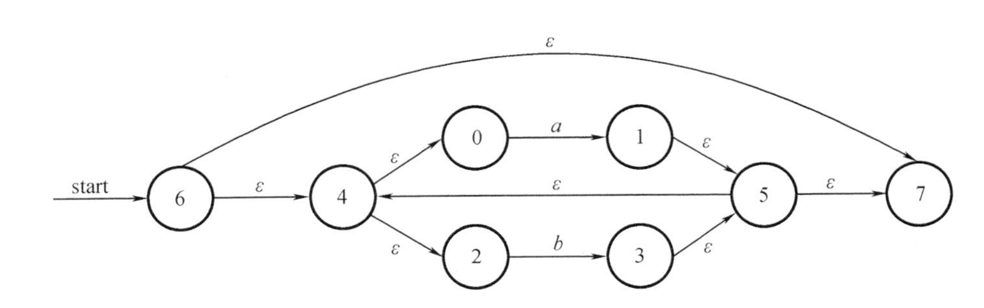

图 10.7　完成后的 NFA 状态图

这样就将表达式$(a|b)^*$转换成了相关的 NFA。现在就可以用该 NFA 对字符串进行识别了，例如假定输入字符串为 $abab$，则 NFA 最终会停留在接受状态。

但是，在读入字符后，由于有的存在对应的转移状态会有其不确定性，因此只能使用回溯的方式进行遍历，当匹配模式较大时这种方式将会耗费大量时间。因此需要将 NFA 向 FA 进行转换，相关的内容读者可以自行学习。

10.2　计算复杂度的阶

上面一节介绍了图灵机和自动机，这两类思想的机器有着类似的工作模式，也能完成现实中的一些任务。其实图灵提出图灵机的主要目的就是为了让人类的思想能够被机器按照一定的步骤进行机械化的运作然后得出结论。此后人们按照图灵机的思想并藉由电子逻辑电路的大规模集成最终就制造出了当今复杂的计算机。

解决一个问题的方法和算法都有无数种，相信学过“数据结构与算法”的读者深有体会。现在图灵机已经能够实现的一定计算任务，该如何衡量一个算法是否高效呢？通常的做法就是忽略算法描述中的低阶项，保留高阶项，但这需要更加严格的数学定义，本节就是说明计算复杂度的严格数学定义。

定义 10.2（同阶函数）　定义 θ 函数为

$$\theta(g(n)) = \{f(n) \mid \exists c_1, c_2 > 0, n_0, \forall n > n_0, c_1 g(n) \leqslant f(n) \leqslant c_2 g(n)\}$$

如果函数 $f(n)$ 满足上述条件，称其为与 $g(n)$ 同阶的函数，记作：$f(n) = \theta(g(n))$，如图 10.8 所示。

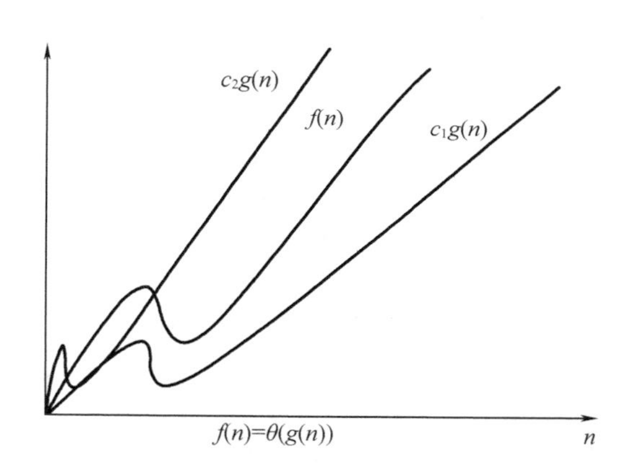

图 10.8　同阶函数

用一个例子来进一步了解同阶函数。

例 10.4　证明：$\frac{1}{2}n^2 - 3n = \theta(n^2)$。

证明：

$c_1 \leqslant \frac{1}{2} - \frac{3}{n} \leqslant c_2$ 对任意 $n \geqslant 1, c_2 \geqslant \frac{1}{2}$，且对任意 $n \geqslant 7, c_1 \leqslant \frac{1}{14}$ 因此 $c_1 = \frac{1}{14}, c_2 = \frac{1}{2}, n_0 = 7$。

证毕。

例 10.5　证明：$6n^3! = \theta(n^2)$ 不成立。

证明：

如果存在 $c_1, c_2 > 0, n_0$ 使得当 $n \geqslant n_0$ 时，$c_1 n^2 \leqslant 6n^3 \leqslant c_2 n^2$，当 $n > \frac{c^2}{6}$ 时，$n < \frac{c^2}{6}$ 矛盾，故原式

不成立。

证毕。

定义 10.3（高阶函数） 定义函数 $g(n)$ 为

$$\Omega(g(n)) = \{f(n) \mid \exists c, n_0, \forall n > n_0, 0 \leqslant cg(n) < f(n)\}$$

如果满足上述公式，则 $f(n) = \Omega(g(n))$，并称该函数为高阶函数，如图 10.9 所示。

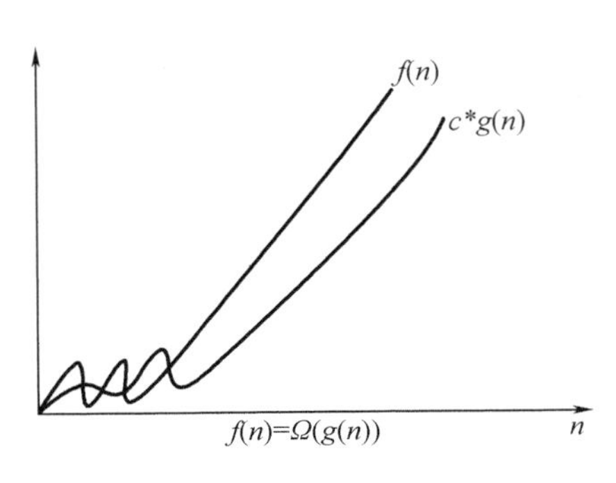

图 10.9 高阶函数

用一个例子来进一步了解高阶函数。

例 10.6 证明 $n^4 + n = \Omega(n^3)$。

证明：

根据定义，可以列出 $0 \leqslant c * n^3 \leqslant n^4 + n$，然后同时除以 n^3 得到 $0 \leqslant c \leqslant n + \frac{1}{n^2}$，令 $c = 1, n = 1$，则满足上式。

证毕。

定义 10.4（低阶函数） 对于低阶函数，同样定义 $g(n)$ 为

$$O(g(n)) = \{f(n) \mid \exists c_1, n_0, \forall n > n_0, 0 \leqslant f(n) \leqslant cg(n)\}$$

记作 $f(n) = O(g(n))$，如图 10.10 所示。

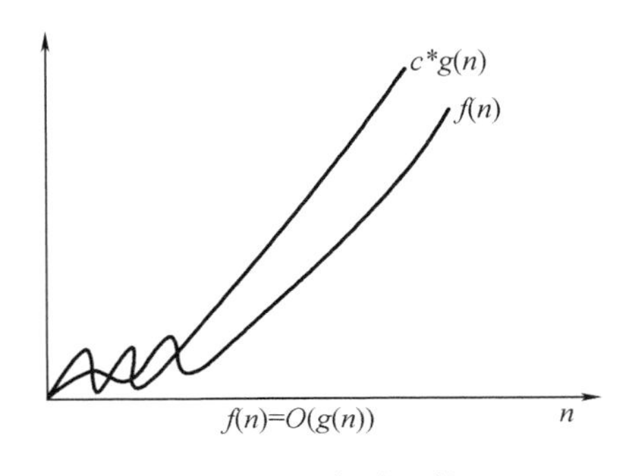

图 10.10 低阶函数

例 10.8 证明：$n^2 + n = O(n^2)$。

解：

根据定义，可以列出 $0 \leq n^2 + n \leq c * n^2$，然后同时除以 n^2 得到 $0 \leq 1 + \frac{1}{n} \leq c$。令 $c = 2$ 则满足上式。

上述已经定义了三种表示计算复杂度的公式，下面将介绍三者的联系与区别。

(1) O：渐进上界，最坏时间复杂度；

(2) θ：渐进紧界；

(3) Ω：渐进下界，最好时间复杂度。

对于 $f(n)$，$g(n)$，$f(n) = \theta(g(n))$ 当且仅当 $f(n) = O(g(n))$，$f(n) = \Omega(g(n))$，此外对于最坏时间复杂度 O 和 θ 的关系如下：

(1) $f(n) = \theta(g(n))$ 意味着 $f(n) = O(g(n))$；

(2) θ 标记强于 O 标记；

(3) $\theta(g(n)) = O(g(n))$。

例如：$an^2 + bn^2 + c = \theta(n^2) = O(n^2)$ 和 $n = O(n^2)$ 等等。

10.3　P、NP 和 NPC 问题

本章最后再讨论一个非常重要的 P、NP 和 NPC 问题，传统的密码学就是基于困难问题需要的计算时间和当今计算机运算速度的增长速率相差悬殊来保证现代的密码体制的安全性，因此需要对该部分有一定的了解。

下面对一些算法的复杂度进行描述（根据上一节的计算复杂度阶的定义）。但是需要注意指数爆炸的现象：当未知数处于一个大于 1 的底数的指数位置时会发生指数爆炸的现象。根据摩尔定律，可以知道现代计算机的性能增长每 18 至 24 个月就会翻倍，但这意味着算力增长是线性的，而有时算法复杂度可能是指数形式的，综上就意味着如果一个算法的复杂度为指数形式，那么，现代的计算机将需要花费极长的时间才可以解决问题，通常这个时间长度由于过长已经没有意义了。

首先给出如下定义：

定义 10.5 P **问题**(Polynomial Problem)

多项式问题，即如果一个问题的时间复杂度可以用一个多项式进行表达，则称该问题为 P 问题。

例 10.8　$O(n)$，$O(n^2)$，$O(n^3)$ 等都是属于 P 问题。常见的排序，解一元一次方程等问题都可以说是 P 问题。

定义 10.6 NP **问题**(Nondeterministic Polynomial Time)

可以在多项式的时间里验证一个解的问题，或者另一个定义：可以在多项式的时间里猜出一个解的问题。

定理 10.1　($P \subset NP$) 如果一个问题可以在多项式时间内得到解决，那么一定可以在多项式时间内得到验证。也就是说 P 问题是 NP 问题的一个部分。它们之间的关系如图 10.11 所示。

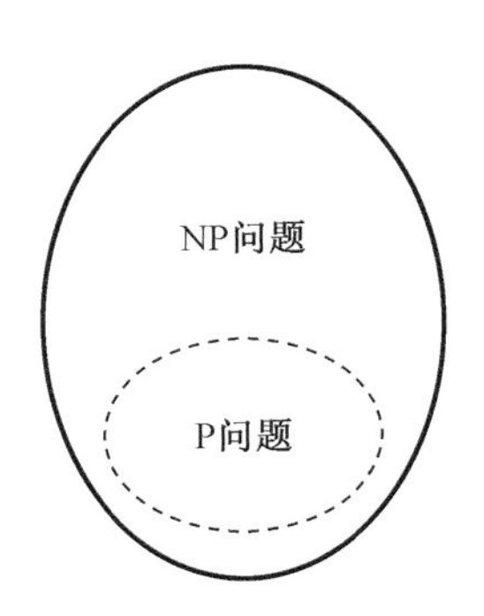

图 10.11 NP 和 P 问题的关系

注意,这里在 NP 和 P 问题之间用的是虚线,因为现在还不能得出 NP 和 P 问题的清晰界限。其中更加深刻的含义是:一个问题如果它能够在多项式时间内得到验证是否就一定存在一个多项式时间的解决方法呢?

NP 问题和 P 问题是不是它们本身就是一个东西呢?现在还没有发现这个问题的准确解答。通常验证一个问题是比较简单的,比如验证一个密码等,但要求解这个问题通常是较难的,比如破译密码,如果能够证明 NP 和 P 的关系那将是非常有意义的。为此下面将定义 NPC 问题。首先需要了解归约的概念。

定义 10.7(归约) 归约就是将一个问题转化为另一个问题,使得用第二个问题的解来解第一个问题;归约后时间复杂度会增加,并且归约具有传递性。

人们在对很多 NP 问题进行不断的归约,最终发现几乎所有问题最终都被归约到了同一类问题,称这些问题为 NPC 问题,如果这些 NPC 问题能够在多项式时间内得到解决,那么沿途的所有问题都将被解决。

定理 10.2 证明一个问题是 NPC 问题的步骤如下:

(1)证明其为 NP 问题;

(2)一个已知的 NPC 问题能够归约到它。

例 10.10 当今第一个被证明为 NPC 的问题就是逻辑电路问题,对该问题的描述如下:对于一个给定的逻辑电路,求解当电路的输入为何值时输出为真?求解逻辑电路问题如图 10.12 所示。

解:

电路中存在输出为 1 的情况并且当输入 1,0,1,0 时,输出为 1。这是一个极为简单的逻辑电路问题,当输入规模增加时,这将变得极其困难,逻辑电路问题已经被严格证明为 NPC 问题。

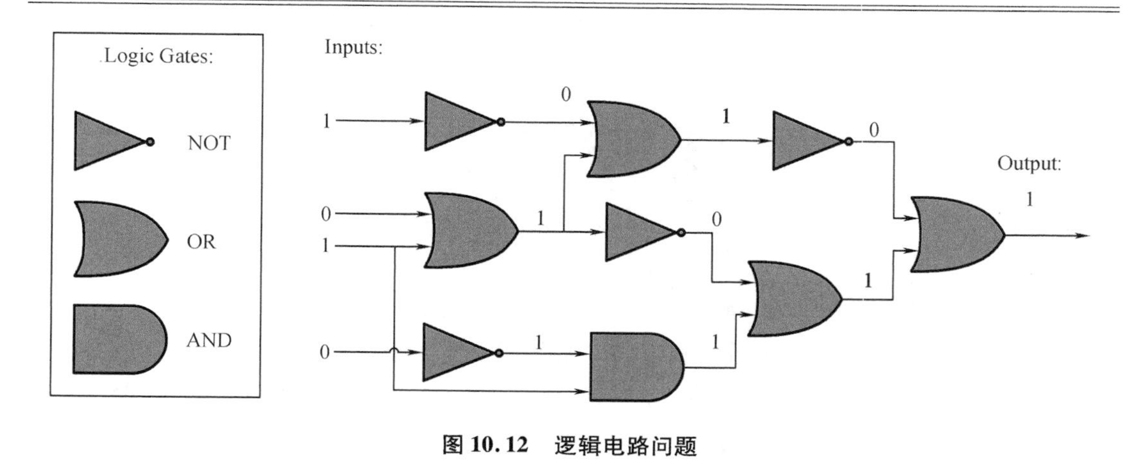

图 10.12 逻辑电路问题

10.4 信息系统安全性

香农给出了信息系统安全性的一般性定义，称为信息论意义上的安全，也称绝对的安全性，敌手即使拥有无限的计算能力，无限的计算时间，也能保障密码系统的安全性。信息论意义上的安全性是指，密文不能提供任何额外的信息，即任意的攻击在对密文毫不知情的情况下猜测消息的概率等同于攻击者知道密文的情况下猜测被加密消息的概率。这就好比是一个敌手 Eve 想要猜测 Alice 与 Bob 之间发送的消息，他在知道密文和不知道任何密文的情况下猜测消息的概率相同——即知道了密文也和瞎猜一样。对于信息系统设计而言，这个要求是相当高的。具有这个定义下安全性的信息安全方案具备完美的安全性，只可惜已证明如果要达到这样的安全性，密钥的长度至少要和被加密的消息一样长。这样的情况下，传递加密的消息就变成了没有意义的事情了。

如果将攻击信息系统的敌手都看作是算法，并记作 A，那么可以设想，只要 A 用来攻击系统所耗费的时间超过了信息的有效时间，那么系统在实际上来看就是安全的。借用数学上逼近的概念，可以说对于一个加密方案，任何在一个固定 t 时间内运行的概率性算法，不能以高于 c 的概率来破解这个方案，那么这个系统就是(t,c)安全的。这样定义的安全性称为计算意义上的安全性。

在现代密码学中，密码方案的安全性不能凭经验判断，只有经过严格安全性证明的加密方案，才被认为是安全的。现代密码学中常提到的安全性，基本上都是指计算意义上的安全性。在大量计算复杂性上的问题尚无答案的时代背景下，密码算法的安全性通常是基于困难问题假设的安全性。证明密码系统安全性的过程通常就是使用归约法，先假设如果有敌手可以攻破当前设计的信息系统，那么就可以使用敌手来攻破一个已知被认为是困难的数学问题。

参考文献

[1] 陈恭亮. 信息安全数学基础[M]. 北京:清华大学出版社,2014.

[2] 李超,付绍静. 信息安全数学基础[M]. 北京:电子工业出版社,2015.

[3] 布鲁迪. 组合数学[M]. 冯舜玺,罗平,裴伟东,译. 北京:机械工业出版社,2005.

[4] 贾春福, 钟安鸣, 杨骏. 信息安全数学基础[M]. 北京:机械工业出版社,2017.

[5] 张金全, 段新东, 张仕斌. 信息安全数学基础[M]. 西安:西安电子科技大学出版社, 2015.

[6] 巫玲. 信息安全数学基础[M]. 北京:清华大学出版社,2016.

[7] 聂旭云, 廖永建. 信息安全数学基础[M]. 北京:科学出版社,2013.

[8] 谢敏. 信息安全数学基础[M]. 西安:西安电子科技大学出版社,2006.

源代码索引